Boris Grundl | Bodo Schäfer

Leading Simple

Werde der beste Mensch, der du sein kannst.
Und hilf anderen dabei.
Mehr geht nicht.

Boris Grundl | Bodo Schäfer

Leading Simple

Führen kann so einfach sein

GABAL

Externe Links wurden bis zum Zeitpunkt der Drucklegung des Buches geprüft. Auf etwaige Änderungen zu einem späteren Zeitpunkt hat der Verlag keinen Einfluss. Eine Haftung des Verlags ist daher ausgeschlossen.

Aus stilistischen Gründen stehen allgemeine Ausdrücke wie »Kunden« oder »Leader« und auch die Personalpronomen »er« und »sie« für Frauen, Männer und andere. Das grammatische Geschlecht spiegelt nicht das biologische oder soziale Geschlecht wider. Wo es leichtfällt, wurde gegendert; so ist von Teilnehmenden oder Mitarbeitenden die Rede.

Bibliografische Information der Deutschen Nationalbibliothek

Die Deutsche Nationalbibliothek verzeichnet diese Publikation in der Deutschen Nationalbibliografie; detaillierte bibliografische Daten sind im Internet über http://dnb.d-nb.de abrufbar.

ISBN 978-3-96739-070-4

Lektorat: Susanne von Ahn, Hasloh
Umschlaggestaltung: Martin Zech Design, Bremen | www.martinzech.de
Titelbild: Nico Pudimat
Autorenfotos: Boris Grundl: Nico Pudimat; Bodo Schäfer: Dominik Pfau
Satz und Layout: Das Herstellungsbüro, Hamburg | www.buch-herstellungsbuero.de
Druck und Bindung: Salzland Druck GmbH & Co. KG, Löbnitzer Weg 10, D-39418 Staßfurt, vertrieb@salzland-druck.de

19. Auflage 2026 des unter der ISBN 978-3-89749-708-5 erschienenen gleichnamigen Titels

Wir drucken in Deutschland.

www.gabal-verlag.de
www.gabal-magazin.de
www.facebook.com/Gabalbuecher
www.x.com/gabalbuecher
www.instagram.com/gabalbuecher

PEFC
PEFC/04-31-2251

PEFC-zertifiziert
Dieses Produkt stammt aus nachhaltig bewirtschafteten Wäldern und kontrollierten Quellen
www.pefc.de

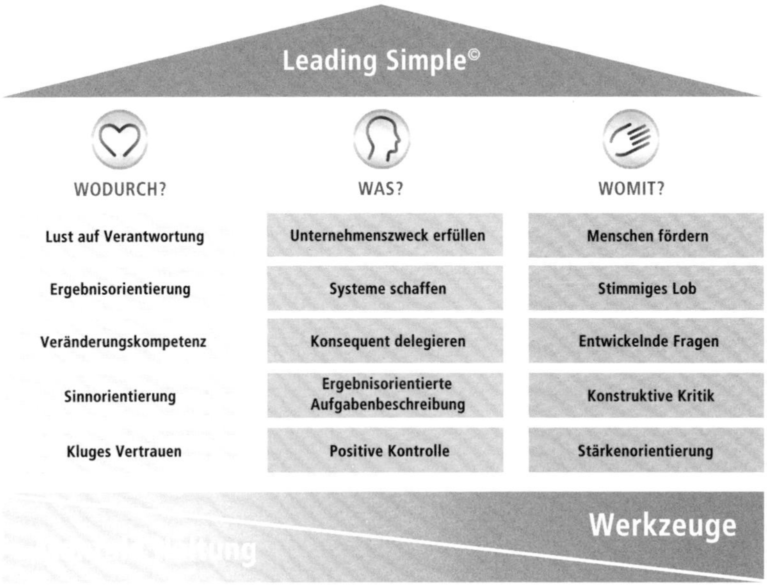
Leading Simple©
WODURCH?
WAS?
WOMIT?
Lust auf Verantwortung
Unternehmenszweck erfüllen
Menschen fördern
Ergebnisorientierung
Systeme schaffen
Stimmiges Lob
Veränderungskompetenz
Konsequent delegieren
Entwickelnde Fragen
Sinnorientierung
Ergebnisorientierte Aufgabenbeschreibung
Konstruktive Kritik
Kluges Vertrauen
Positive Kontrolle
Stärkenorientierung
Werkzeuge

Inhalt

Vorbemerkung

In der folgenden Geschichte wurden die Namen und Orte in den meisten Fällen geändert. Dies geschah aus Respekt vor den Personen, die unerkannt bleiben wollen.

Leading Simple steht für das Führen mit Herz, Kopf und Hand – der passenden Verbindung von mentaler Haltung und Werkzeugen. Diese Symbole sollen uns daran erinnern, stets alle drei Aspekte wirksamer Führung zu berücksichtigen:

die Prinzipien für das Herz (*Wodurch* wird es getan?):
Mit welcher *mentalen Haltung* führe ich?

die Aufgaben für den Kopf (*Was* ist zu tun?):
Wie führe ich *indirekt und nutze* Systeme?

die Hilfsmittel für die Hand (*Womit* ist es zu tun?):
Wie führe ich *direkt*, von Mensch zu Mensch?

Prolog

»Keine Institution kann überleben, wenn sie Genies oder Supermänner zur Führung benötigt. Sie muss so organisiert werden, dass normale Menschen sie erfolgreich führen können.«

PETER F. DRUCKER

Fünf Vorstandsmitglieder der Gruber AG warteten gespannt. Der Mann, der die Firma aufgebaut hatte und den sie alle ehrfürchtig den »Alten« nannten, hatte sie gebeten, sich im großen Meetingraum einzufinden. Das war es: Er hatte sie gebeten, selten gab er Anweisungen. Er stellte Fragen und machte Vorschläge. Oder er bat eben um etwas. Seit der Alte die Leitung der Firma abgegeben hatte, war nichts mehr wie früher. Die Umsätze und Gewinne gingen zwar nur leicht zurück, die Stimmung hingegen wurde von Tag zu Tag schlechter. Kaum jemand ging noch gern zur Arbeit; einige langjährige Mitarbeitende hatten bereits gekündigt. Es schien nur noch eine Frage der Zeit, bis die Firma in ernsten Schwierigkeiten sein würde. Natürlich ging man auf Fehlersuche, doch eine einleuchtende Erklärung fand niemand. Immer wieder wurde geäußert, dass man bei dem Alten »wusste, wo man dran war«, und seit seinem Weggang die Orientierung fehle.

Und nun – nach über drei Jahren – war der Alte plötzlich wieder da. Führte Gespräche mit dem Team. Hatte die Situation erfasst, begriff, dass noch etwas Entscheidendes an seinem Lebenswerk fehlte.

Er sagte den Führungskräften, ihr *VB* sei gesunken. Diese Abkürzung benutzte er oft und gerne. *VB* stand für *Verantwortungsbewusstsein*. Das Verantwortungsbewusstsein bestimmte, wie Menschen ihren Verantwortungsbereich erkannten und emotional annahmen. Die Tiefe des *VB* wurde schließlich in den Ergebnissen sichtbar. Das Verantwortungsbewusstsein entschied darüber, *ob Menschen leisteten, was sie zu leisten imstande waren,* ob sie erreichten, was sie sich vorgenommen hatten. Man gab dem Alten recht: Niemand in der Firma hatte in der letzten Zeit den Eindruck, besonders wirkungsvoll gewesen zu sein.

Der Alte fuhr fort: *»Wenn Sie nicht wirkungsvoll sind, dann liegt der Grund in mangelnder Führungskompetenz.«* Aus seiner Sicht machte die Qualität der Führung den Unterschied zwischen Erfolg und Versagen im Leben aus. Er war zu dem Schluss gekommen, dass die Gruber AG ein echtes Führungsproblem hatte. Und dann kündigte er einen Superboss an: »Der kann ein Führungssystem installieren, das unabhängig von Personen funktioniert.«

Keiner wusste genau, was der Alte damit meinte. Aber man erwartete Großes von dem angekündigten Mann, hoffte, dass er Freude und Selbstbewusstsein in die Firma zurückbringen würde. Es war menschlich, dass sich jeder ein Bild malte von diesem Genie. Denn er musste genial sein, wenn der Alte so von ihm schwärmte. Wahrscheinlich einer, der anpacken konnte, wie der Alte damals. Der Alte hatte wörtlich gesagt: »Ihr werdet endlich wissen, was Führen bedeutet. Mit diesem Wissen wird jeder von euch schnell sein VB steigern. Ihr werdet erreichen, was auch immer ihr euch vornehmt.«

Nun wartete also die Führungsriege im Konferenzraum auf Louis Berg, den angekündigten Macher. Zu dieser Führungscrew gehörten Eberhard Wehrlich, der Logistikvorstand, Manuela Herzlich, die Personalvorständin, Gottfried Zucker, der Finanzvorstand, die Marketingvorständin Inge Salm und der Produktionsvorstand Alfred Specht.

TEIL I

Die Geschichte von Louis Berg

1. Die erste Begegnung

»Guten Morgen«, hörten die Wartenden eine Stimme, »ich bin Louis Berg.« Einige Sekunden vorher war die Tür aufgegangen – pünktlich um 8 Uhr 45 – und ein Mann im Rollstuhl rollte in den Konferenzraum. Nun begrüßte er sie.

Die Anwesenden starrten ihn an. Die Überraschung stand ihnen auf der Stirn geschrieben. Ein Rollstuhlfahrer? Man hatte ein Führungsgenie erwartet, jemanden, der anpacken konnte. Eben ein Vorbild.

»Warum sind Sie hier?« Ihre Gedanken wurden unterbrochen durch diese kurze Frage von Louis Berg. Schweigen. Es war ihnen peinlich, ihn so angestarrt zu haben.

»Ich frage noch einmal: Warum sind Sie hier?« Louis Berg schien jedem Einzelnen in die Augen zu sehen.

Dieses Mal hatten sie die Frage aufgenommen und dachten nach. Sie waren gekommen, weil der Alte sie gebeten hatte. Weil sie ein Führungsgenie kennenlernen wollten.

Frau Salm, die Marketingvorständin, antwortete: »Weil der Alte, also Herr Gruber, uns darum gebeten hat.«

»Und Sie haben überhaupt keine Erwartungen an mich?«, fragte Louis Berg. Für ein paar Sekunden herrschte Schweigen.

»Lassen Sie uns offen sprechen …« Louis Bergs Stimme durchschnitt erneut ihre Gedanken. »Sie haben jemand anderen erwartet als mich. Jemanden, der als Vorbild vorausgeht und den Weg weist wie Harald Gruber. Eine *geniale Führungskraft.*« Er machte eine kurze Pause. »Für mich ist das Wort *Führungskraft* optisch nicht passend. Die Beschreibung eines kräftigen Menschen trifft auf mich auf den ersten Blick nicht zu. Ich führe nicht mit Kraft. Statt von Führungskräften zu sprechen, schlage ich vor, wir sagen ›Leader‹. Dieses Wort symbolisiert für mich ein Führen ohne Kraft, ohne Kampf, sondern mit Bewusstsein. Trotzdem – oder gerade deshalb – hat mein Freund Harald mich gebeten, herzukommen. Er hat dieses Unternehmen aufgebaut, eine fantastische Leistung. Doch als er vor drei Jahren in den Ruhestand ging, da zeigte sich plötzlich, dass er überall fehlte.

Er wartete drei Jahre ab, um seinen Nachfolgern eine Chance zu geben. Aber die Stimmung wurde immer schlechter, der Spaß an der Arbeit war weg. Die Ergebnisse folgten der Stimmung auf dem Fuße. Es gab Streit und einige bewährte Mitarbeitende haben gekündigt. Als Visionär kann Harald Gruber sehen, dass Sie auf dem direkten Weg in eine ernste Krise sind.« Die Anwesenden nickten zustimmend. Sie wussten: Was der Mann im Rollstuhl da sagte, stimmte absolut.

Berg fuhr fort: »Dann ist er zurückgekommen und hat mit Ihnen und verschiedenen anderen Gespräche geführt. Er wollte herausfinden, wo das Problem liegt. Es zeigte sich, dass keiner genau weiß, was von ihm erwartet wird. Es fehlt Orientierung. Fast jeder hier vermisst Gruber.« Louis Berg konnte in den Gesichtern seiner Zuhörer sehen, dass der Alte ihnen tatsächlich sehr fehlte. Er erklärte: »Sie alle kennen das Kürzel VB, es steht für Verantwortungsbewusstsein.«

»Natürlich«, unterbrach ihn Eberhard Wehrlich, der Logistikvorstand. »Das VB bestimmt, wie sehr jemand seinen Verantwortungsbereich geistig in Besitz genommen hat. Sich damit identifiziert. Und dieser Person ist ebenfalls bewusst, was sie zu verantworten hat und was nicht. Und damit ist ihr klar, welche Ergebnisse in diesem Verantwortungsbereich erwartet werden. Nur so kann ein Mensch das leisten, was er zu leisten imstande ist. Und das umsetzen, was er sich vornimmt.«

»Und ist Ihnen das weitgehend gelungen? Haben Sie geleistet, wozu Sie in der Lage sind? Und haben Sie umgesetzt, was Sie sich vorgenommen haben?«, fragte Louis Berg.

Die Führungskräfte schüttelten verlegen die Köpfe. »Warum nicht?«, erkundigte sich Herr Berg.

Sie dachten einen Moment nach. Dann meldete sich Frau Herzlich, die Personalvorständin, zu Wort: »Der Alte, also Herr Gruber, sagt immer:

›Wenn die Ergebnisse nicht stimmen, dann liegt das an mangelnder Führungskompetenz.‹ Ich habe aber den Zusammenhang nie ganz klar verstanden. Ich meine, es liegt eher an der schlechten Stimmung hier.«

»Wo würden Sie auf einer Skala von 1 bis 10 Ihre Wirkung, Ihre Ergebnisse der letzten Monate einordnen? 1 wäre sehr schwach und 10 wäre sehr stark. Wie viel von dem, wozu Sie in der Lage sind, haben Sie wirklich geleistet?«, fragte Louis Berg.

»Maximal 4«, sagte Frau Salm. »Bei mir war es eine 5«, murmelte Herr Zucker, der Finanzvorstand. »Eine 3«, sagten andere.

Louis Berg erklärte ernst: »Wo auch immer Sie Ihre Wirkung, Ihre Ergebnisse eingeordnet haben, dort ist auch Ihre Führungskompetenz einzuordnen. Wenn Ihre Wirkung eine 4 verdient, dann verdient auch Ihre Führungskompetenz eine 4. Wenn Ihre Wirkung eine 9 verdient, dann verdient auch der Grad Ihrer Führungskompetenz eine 9. Was ich Ihnen damit sagen möchte: Die Qualität Ihrer Ergebnisse in Ihrem Leben, beruflich und privat, steht in direkter Proportion zu Ihrer Führungskompetenz.«

Manuela Herzlich meldete sich zu Wort: »Ergebnisse. Ergebnisse. Immer geht es um Ergebnisse. Also am Ende doch nur ums Geld. Und wo bleibt da der Mensch? Eben, auf der Strecke!« Vorwurfsvoll richtete sich ihr Blick auf den Mann im Rollstuhl. Dieser nickte: »Ich kann sehr gut nachvollziehen, von wo aus Sie auf das Wort Ergebnisse blicken. Lassen Sie uns zuerst einmal definieren, was ich unter Ergebnissen verstehe. Vielleicht klärt sich dann schon einiges.« Die Personalvorständin nickte skeptisch: »Da bin ich aber mal gespannt.«

Louis Berg fuhr fort: »Vielleicht mögen Sie über Ergebnisse mal anders nachdenken. Denn Ergebnisse sind in meiner Welt all das, was in unserem Leben da ist. Einen Teil davon haben wir selbst erwirkt, einen anderen Teil nicht. Die Schwierigkeit liegt darin, zu erkennen, was ich eben davon beeinflussen kann und was nicht. So ist meine Gesundheit ein Ergebnis. Mein Level an Energie ist ein Ergebnis. Die Performance meiner Abteilung ist ein Ergebnis. Meine Fähigkeit zu denken ist ein Ergebnis. Meine Fähigkeit, Probleme zu lösen, ist ein Ergebnis. Die Qualität meiner Beziehung zu mir selbst ist ein Ergebnis. Die Qualität meiner Beziehung zu anderen ist ein Ergebnis. Wie sehr ich meine Talente zu Stärken entwickelt habe und damit anderen Menschen diene, ist ein Ergebnis. Mit welcher Konsequenz ich Ziele setze und erreiche, ist ein Ergebnis. Ich könnte diese Liste beliebig weiterführen. Auf einen Teil dieser Ergebnisse habe ich Einfluss und auf einen anderen Teil nicht. Und ja, ein Teil dieser Ergebnisse führt irgendwann einmal zu einer Wertschöpfungskette und damit zu einer finanziellen Situation. Also zu Geld. Ob als Mensch, ob als Abteilung oder als Unternehmen. Nicht mehr, aber auch nicht weniger. Vielleicht möchten Sie einmal für sich nachdenken, ob dieser neue Blickwinkel auf das Wort Ergebnisse hilfreich für Sie sein könnte.

Denn ich möchte Sie von nichts und niemandem überzeugen – oder gar motivieren. Dazu habe ich viel zu viel Respekt vor Ihnen und Ihrem Potenzial. Mir ist es wichtig, dass Sie selbstständig nachdenken. Und so sehe ich auch meine Rolle: dass ich Sie zum tieferen Nachdenken einlade und inspiriere. Also, fassen wir zusammen: Die Qualität, mit der ich mich selbst und andere führe, spiegelt meine Führungskompetenz. Und das zeigt sich in der Qualität meiner Lebensergebnisse.«

»So habe ich das noch nie gesehen«, sinnierte Frau Salm. »Wenn ich mich auf Ihre Gedanken einlasse, würde das ja bedeuten, dass letztlich die Fähigkeit zu führen den großen Unterschied ausmacht im Job.«

»Nicht nur im Job«, ergänzte der Mann im Rollstuhl. »Was wir hier besprechen, gilt für *jeden* Bereich unseres Lebens: für Partnerschaften, Freundschaften, in Vereinen, in der Kirche ... Immer ist Führung der entscheidende Faktor.« Er schrieb groß auf das Flipchart:

Die Fähigkeit zu führen macht den Unterschied zwischen Erfolg und Scheitern, zwischen einem erfüllten Leben und frustrierender Mittelmäßigkeit.

Louis Berg ließ den Satz kurz wirken, bevor er ergänzte: »Menschen haben sehr viel Energie, wir können auch sagen: Möglichkeiten. Der größte Teil dieser Energie wird verschwendet, weil sie es nicht gelernt haben, ihre Lebensenergie durch ihr Bewusstsein zu bündeln. Das ist auch bei Ihnen passiert. Ihnen fehlt die ordnende Klarheit, das Bewusstsein von Harald Gruber. Das ist wichtig zu verstehen! Ihnen fehlt in erster Linie nicht der Mensch Harald Gruber, Ihnen fehlt die Orientierung durch den Menschen Harald Gruber. Das hört sich erst einmal komisch an, hilft jedoch bei der Analyse der aktuellen Situation. Menschen ohne Führung vergeuden viel zu oft ihre Lebensenergie, weil sie sich mental zu sehr im eigenen *Interessenbereich* und zu wenig in ihrem *Einflussbereich* aufhalten. Der Interessenbereich ist der Bereich, der uns zwar interessiert, auf den wir aber keinen Einfluss haben.

Wenn ich als Rollstuhlfahrer vor einer Treppe stehe, ist das mein Interessenbereich. Zwei Personen zu bitten, mich die Treppe hochzuziehen, ist mein Einflussbereich. Die meisten ahnen nicht einmal, was sie erreichen könnten, wenn sie sich konsequenter auf ihren Einflussbereich konzentrieren würden. Und hier setzen Leader an: Sie bündeln Möglichkeiten. Führung bündelt Energie. Wirkungsvolle Leader sind effektiv, weil sie verschiedene Möglichkeiten auf ein Ergebnis ausrichten. Sie verhindern, dass Energie ziellos vergeudet wird.«

Louis Berg konnte sehen, wie es in seinen Gesprächspartnern arbeitete. Erst kurze fragende Blicke, dann nickten sie. Er wusste nun, sie hatten es verstanden. Als wenn sie seine Beobachtung bestätigen wollte, meldete sich Frau Salm: »Also hängt mein Erfolg im Leben letztlich davon ab, ob ich erfolgreich führen kann. Wenn man das bedenkt, dann habe ich mich viel zu wenig damit befasst, erfolgreich zu führen …«

»Wir hätten mehr vom Alten lernen sollen, solange er noch hier war«, warf Herr Wehrlich ein. »Der konnte wirklich führen.«

»Harald Gruber hat *seine Art* zu führen gefunden. Doch er möchte nicht zurück ins Tagesgeschäft. Er möchte, dass wir ein System schaffen, das ihn ersetzt. Ein von Personen unabhängiges System.« Louis Berg legte eine kurze Pause ein. Er las es in ihren Gesichtern: Für sie blieb unvorstellbar, dass irgendwer oder irgendetwas ihren verehrten Harald Gruber ersetzen könnte.

»Mit anderen Worten«, fuhr Louis Berg fort, »er will, dass Sie lernen, diese Firma noch erfolgreicher zu führen als er – allerdings ohne ihn zu kopieren. Harald sagte mir, dass Sie hervorragende Fachkräfte sind. Buchhaltung, Produktion, Verkauf, Marketing und so weiter – Sie verstehen Ihr Handwerk. Harald Gruber ist stolz auf Sie. Aber es gibt ein Problem, und das Problem, das ich jetzt schildere, existiert nicht nur in der Gruber AG, sondern in vielen Unternehmen. Die meisten Abteilungsleiter wissen nicht genau, wie sie ihre Abteilung leiten sollen. Sie besitzen eine ausgezeichnete Fachkompetenz. Doch sie sind nur *nebenbei* leitend tätig. Sie sind sich der Wichtigkeit von Führung nicht bewusst. Damit sind sie noch keine Leader. Den größten Teil des Arbeitstages verbringen sie damit, jemandem etwas fachlich vorzumachen – was ihnen aufgrund ihrer Fachkompetenz nicht schwerfällt. Aber die meisten Menschen in leitenden Positionen können nicht führen, weil sie nicht genau wissen, was das eigentlich ist.« Einige der Anwesenden stimmten ihm sofort zu. In anderen schien sich Protest zu regen.

Ein Mann meldete sich zu Wort: »Mein Name ist Zucker. Ich leite seit Jahren den Finanzbereich, und zwar erfolgreich. Ich arbeite heute nicht anders als zu der Zeit, als der Alte noch da war.«

»Ach ja?«, zischte Frau Salm, »und warum sind Ihnen dann vor drei Monaten Ihre beiden besten Mitarbeiterinnen abgehauen? Sie und erfolgreich führen. Dass ich nicht lache!«

Gottfried Zuckers Gesicht färbte sich dunkelrot. »Frau Salm, von Ihnen muss ich mir so etwas schon mal gar nicht sagen lassen. Das Einzige, was Sie von Marketing wissen, ist, wie Sie sich beim Alten einzuschleimen hatten. Wie Sie sich schon kleiden …«

Frau Salm fauchte kaum hörbar: »Sie sollten das Wort Kleidung nicht einmal in den Mund nehmen. Sie haben Ihren Pullunder nun schon mindestens drei Monate …«

Louis Berg unterbrach sie: »Zumindest scheinen unterschiedliche Ansichten über Führung zu bestehen … Wenn *Sie* sich nicht klar darauf verständigen können, was eine erfolgreiche Führung auszeichnet – wie sollen es dann Ihre Mitarbeitenden wissen? Woran sollen sie sich orientieren? Und Mitarbeitende, die nicht wissen, was von ihnen verlangt wird, kündigen zuerst innerlich. Und ein paar Monate später verlassen sie die Firma.« Er schrieb wieder etwas auf das Flipchart:

Leadership bedeutet, Menschen zur Übernahme von Verantwortung zu befähigen und das durch Ergebnisse sichtbar zu machen.

»Merken Sie denn nicht, wie sehr sich Ihr Bewusstsein mit Dingen beschäftigt, die Sie kaum weiterbringen? Wie sehr Sie mit der Suche nach einem Schuldigen für die aktuelle Situation beschäftigt sind? Wie wenig Sie Ihren Teil der Verantwortung für die jetzigen Ergebnisse erkennen und annehmen wollen?«, beschrieb Louis Berg die Lage. Ohne irgendeine versteckte Form von Anklage. Nüchtern und klar, als lese er aus einer Gebrauchsanweisung vor.

»Als Erstes vergessen wir mal das Wort *Schuld* und ersetzen es durch *Verantwortung*. Denn das Wort Schuld hat eine lähmende Wirkung. Und dann konzentrieren Sie sich bitte in Zukunft auf das, was Sie beeinflussen können, und übernehmen dafür Verantwortung. Leicht gesagt, schwerer umgesetzt. Ist das für Sie in Ordnung?«

Gottfried Zuckers Gesicht wurde noch dunkler. Frau Salm starrte betroffen auf ihre Fingernägel. Alle nickten still, in sich gekehrt.

Louis Berg sagte nach einer Weile: »Solange Harald Gruber im Betrieb war, konnte sich jeder an ihm orientieren. Jeder wusste, für welche Werte er steht, jeder wusste, was von ihm erwartet wird.«

Nachdenklich nahm Herr Wehrlich den Faden auf: »Ich glaube, wir wollen alle so sein wie Herr Gruber. Aber das gelingt uns nicht. Er ist einmalig. Vielleicht liegt darin das Problem.«

»Sie kommen dem entscheidenden Punkt nahe. Herrn Grubers Art zu führen ist für Sie ein Führungsideal geworden. Und weil Sie diesem Ideal nicht gerecht werden können, geben Sie sich selbst nicht die Berechtigung zu führen.

Sie übernehmen keine Führungsverantwortung. Das geschieht meist unbewusst, und daher nennen wir das *unbewusste Inkompetenz*. Ihnen ist nicht bewusst, wo Sie die Ursache für ein bestimmtes Ergebnis gesetzt haben. Und genau da setzen wir mit unserem Training an. Wir wollen ohne Urteil und Vorwürfe das sichtbar machen, was Sie bis jetzt nicht sehen wollten. Und wenn Sie nicht an sich selbst glauben, weil Sie sich in ein Ideal verrannt haben, warum sollen dann Ihre Mitarbeitenden an Sie als Führungsteam glauben? Damit ist die Gruber AG im Moment führungs- und orientierungslos. Und das zeigen die Ergebnisse«, analysierte Louis Berg.

Stille und Betroffenheit füllten das Besprechungszimmer. Wie konnte dieser Mann in so kurzer Zeit die Situation so präzise auf den Punkt bringen?

»Die wichtige Frage ist doch: Was ist eigentlich Führung? Wissen Ihre leitenden Mitarbeitenden ganz konkret, welche Verantwortung sie haben und welche nicht? Und damit meine ich nicht die Sachaufgaben einer Abteilung. Ich meine die reine Führungsverantwortung. Was sie zu verantworten haben und was nicht?«

Gottfried Zucker meldete sich: »Aber es ist doch klar, welche Verantwortung ich habe: Die Buchhaltung muss stimmen. Und sie muss möglichst schnell fertig sein. Jeder muss sein Bestes geben. Dafür sorge ich.«

»Sie sorgen so gut dafür, dass bei Ihnen eine Stimmung herrscht wie auf dem Friedhof«, konterte Frau Salm.

Louis Berg sah sie ruhig an. Sie hob entschuldigend die Hand. Dann sagte er: »Wir müssen Fachkompetenz von Führungskompetenz trennen. In der Fachkompetenz ist jeder Einzelne von Ihnen deutlich qualifizierter als ich. Wie Sie Ihr Bewusstsein in Sachen Führungskompetenz weiterentwickeln, darum geht es in unserer Zusammenarbeit. Ich soll mit unserem Institut bei Ihnen ein System schaffen, mit dem jeder noch besser führen lernt. Darum bin ich hier. Dazu möchte ich Sie um Ihre Hilfe bitten, denn wir müssen zuerst einen gemeinsamen Nenner finden. Fangen wir an. Ich habe eine Aufgabe für Sie: Legen Sie doch bitte fest, *was einen guten Leader in Ihren Augen auszeichnet.* Diskutieren Sie diese Fragen. Wir treffen uns nach der Mittagspause hier und besprechen Ihre Ergebnisse.«

Als Louis Berg in den Konferenzraum zurückkam, war die Diskussion noch in vollem Gang. Alle hatten in etwa die gleichen Ergebnisse – und trotzdem wirkten sie nicht zufrieden. Berg ließ die einzelnen Punkte auf ein Flipchart schreiben. Dort entstand eine lange Liste.

Was gute Leader auszeichnet:

- **Gerechtigkeit**
- **Begeisterungsfähigkeit**
- **Visionär**
- **Charisma**
- **Selbstbeherrschung**
- **Sparsamkeit**
- **Humor**
- **Beliebtheit**
- **Vorbildfunktion**
- **Kritikfähigkeit**
- **Fleiß**
- **Unbeirrbarkeit und Willensstärke**
- **keine Launenhaftigkeit**
- **Kontrolle**
- **Fähigkeit zum Delegieren**
- **Integrität**
- **Belastbarkeit**

▸▸

- **vertrauenerweckender Gesamteindruck**
- **positives Denken**
- **entschlossenes Handeln**
- **Verschwiegenheit**
- **Loyalität**
- **Menschenliebe**
- **Organisationstalent**
- **Fähigkeit, andere zu motivieren**
- **Ehrlichkeit**
- **Mut**
- **Kreativität**
- **Selbstbewusstsein**
- **analytisches Denken**
- **Entscheidungsstärke**
- **Lernbereitschaft**
- **Demut**
- **gutes Zeitmanagement**
- **Fähigkeit, zu dienen**
- **Lösungsorientierung**

Alle schauten andächtig auf die imposante Sammlung von Begriffen. Louis Berg kommentierte ihre Arbeit: »Sind Sie sicher, dass Sie nichts vergessen haben? Okay. Wen kennen Sie, außer sich selbst, der dieses Anforderungsprofil erfüllt?«

Die Ironie der Worte ließ die Anwesenden schmunzeln. Produktionsvorstand Alfred Specht reagierte als Erster: »Ich sage doch schon die ganze Zeit, dass man nicht beliebt sein muss als Führungskraft, Verzeihung, als Leader. Es ist besser, wenn ein bisschen Angst mit im Spiel ist.«

»Meine Worte … entscheidend ist nur, dass die Zahlen gut sind. Dazu braucht man keinen Beliebtheitswettbewerb«, stimmte Gottfried Zucker zu und ergänzte: »Ich glaube auch nicht, dass man motivieren muss.« Andere schüttelten darüber den Kopf – insbesondere der gutmütige Logistikvorstand Wehrlich.

Herr Berg sprach jetzt leise und betonte jedes Wort: »Sie haben recht. Vieles auf dieser Liste gehört *nicht* dorthin. Was Sie hier beschrieben haben, ist ein fantastischer Gutmensch, ein überlebensgroßer Superboss. Eine Mischung aus Mutter Teresa, Gandhi, Cäsar und Bill Gates. Es ist eben falsch, nach der *idealen Führungskraft* zu fragen. Wenn das die Anforderung ist, dann genügt ihr kaum jemand. Ich jedenfalls nicht.« Er schrieb:

Leader sind ganz normale Menschen, die eine besondere Freude am Wachstum anderer entwickelt haben.

»Aber der Alte war so«, widersprach Manuela Herzlich, die Personalvorständin. »Er hatte all diese Eigenschaften. Nur darum konnte er diese Firma aufbauen. Ich wäre gern so wie er.«

Louis Berg lächelte: »Ich kann Ihnen gar nicht sagen, wie wichtig diese Diskussion ist. Bevor wir ein Leader werden, dreht sich alles um unsere eigene Entwicklung. Nachdem wir ein Leader sind, dreht sich alles um die Entwicklung anderer. Oder anders: In der ersten Halbzeit des Lebens spielen wir auf ein Tor – das heißt *Ich*. In der zweiten Halbzeit unseres Lebens spielen wir auf ein Tor – das heißt *Wir*. Leider verschlafen zu viele Menschen den Seitenwechsel und schießen in der zweiten Hälfte zu viele Eigentore.

Wir halten fest: Die Voraussetzung zur Entwicklung unserer Führungskompetenz ist die Freude daran, andere Menschen zu entwickeln. Zu viele interessieren sich für Führungskompetenz nur aus Karrieregründen. Sie haben kein wirkliches Interesse an der Entwicklung anderer. Es ist nur ein Mittel zum Zweck. Sie können nicht über sich selbst und ihre Daseinsberechtigung hinausdenken. Und das merken die anderen irgendwann. Selbst die beste Tarnung fliegt auf und wird von den anderen bemerkt. Das hat sehr viel mit mentaler Haltung zu tun. Manche nennen es Einstellung oder *Mindset*. Man kann auch Bewusstsein dazu sagen. Im Kern geht es darum, wie wir etwas wahrnehmen. Von wo aus wir auf etwas blicken. Es ist eben ein großer Unterschied, ob ich andere führen will, um selbst Karriere zu machen. Oder ob ich andere führen will, damit diese die besten Menschen werden, die sie sein können.«

Seine Zuhörer blickten ihn mit großen Augen an. Er fuhr fort: »Wir kommen also bei Leadership nicht am Thema *mentale Haltung* vorbei. Ein treffenderes Wort ist *Bewusstsein*. Vieles in unserem Leben hat mit Bewusstsein zu tun. So ist die Dankbarkeit fürs Leben eine Art Bewusstsein. Ob wir problem- oder lösungsorientiert sind, ist eine Sache des Bewusstseins. Wie wir mit den Ressourcen unseres Planeten umgehen, ist eine Sache des Bewusstseins. Wie kundenorientiert wir agieren, ist eine Sache des Bewusstseins. Wie sehr wir uns selbst und andere über- oder unterschätzen, ist eine Sache des Bewusstseins. Ja, wie sehr wir Kaffee schmecken und genießen können, ist eine Sache des Bewusstseins. Mein Sohn hat sich jetzt über ein Jahr intensiv mit Kaffee beschäftigt und hat ein Bewusstsein entwickelt, das mein Bewusstsein bezüglich Kaffee bei Weitem übersteigt. Er hat also bei mir in Sachen Kaffee die Führung übernommen. Mein Problem dabei ist jetzt, dass ich unterwegs nur noch selten richtig guten Kaffee finde. So ist das mit dem Bewusstsein. Steigt das Bewusstsein, steigt der Anspruch in diesem Kontext. Daraus folgt: Es ist sehr schwer, in vielen Bereichen ein hohes Bewusstsein zu entwickeln.« Er schrieb auf das Flipchart:

Früher ging es darum, Menschen zu führen.
Heute geht es darum, das Bewusstsein von Menschen zu führen.

»Wie denken Sie über Kontrolle?« »Wer kontrolliert, vertraut nicht, es ist ein Ausdruck von Misstrauen!«, schoss es Inge Salm in den Sinn und aus dem Mund. »Danke. Das ist ein sehr gutes Beispiel«, entgegnete Louis Berg, »Sie haben folgendes Bewusstsein für Kontrolle erlernt: ›Wenn du mich kontrollierst, zeigst du mir damit, dass du nicht an mich glaubst. Du vertraust mir nicht. Ich fühle mich zutiefst abgelehnt und bin verletzt.‹ Und ein anderer Mensch, zum Beispiel ein professioneller Rennfahrer, hat folgendes Bewusstsein für Kontrolle erlernt: ›Ich brauche noch mehr und bessere Daten zu meiner Trainingseinheit. Noch mehr Kontrolle. Damit ich mein Ziel erreiche, am Ende des Rennens auf dem Siegerpodest zu stehen. Für mich ist Kontrolle Hilfe zur Zielerreichung.‹ Verstehen Sie nun, wie sehr dieses erlernte Bewusstsein Auswirkungen auf jeglichen Umgang mit Kontrolle hat? Die Frage ist nicht, welches die richtige Sichtweise ist, die Frage ist, welches die klügste Sichtweise für eine produktive Zusammenarbeit ist.«

»So habe ich das noch nie gesehen«, murmelte Frau Salm. »Danke, dass Sie darüber nachdenken, liebe Frau Salm. Dass Sie sich von meinem Bewusstsein in Sachen Führungskompetenz führen lassen«, entgegnete Louis Berg. »Wir nennen das professionell Aufnahmeberechtigung und Aufnahmebereitschaft herstellen. Wegen meiner Einladung durch Herrn Gruber geben Sie mir fast automatisch die Berechtigung, etwas zu sagen. Ich bekomme Ihre *Aufnahmeberechtigung*. Doch erst durch Ihre Bereitschaft nachzudenken, sich wirklich geistig zu öffnen und anzustrengen, geben Sie mir die Möglichkeit, etwas in Ihnen anzustoßen. Das ist die *Aufnahmebereitschaft*. Beides braucht es. Beides ist wichtig.«

Er fügte hinzu: »Oder nehmen wir das vorhin erwähnte Beispiel: Interessenbereich versus Einflussbereich. Je mehr sich ein Bewusstsein im Interessenbereich – das es nicht beeinflussen kann – verliert, desto frustrierter wird ein Mensch. Er hat das Gefühl, nichts ausrichten zu können. Was ja auch stimmt. Die Beschwerden und Anklagen an andere nehmen zu. Daran erkennen Sie es. Und je mehr sich ein Mensch auf seinen Einflussbereich konzentriert, desto besser werden seine Ergebnisse. Er hat das Gefühl, einen Unterschied zu machen. Seine Selbstwirksamkeit nimmt zu. Er übernimmt immer mehr Verantwortung und zeigt das durch Ergebnisse. Gleichzeitig wächst sein Einflussbereich. Daran erkennen Sie es.«

»Bei uns halten sich sehr viele im Interessenbereich auf«, entwich es dem nachdenklichen Gottfried Zucker, »diese Worte, die Sie da benutzen, Herr Berg, die helfen schon sehr bei der Betrachtung und Einschätzung.« »Ihre Analyse freut mich«, antwortete Louis Berg. »Genau darum geht es. Um mentale Differenzierungsfähigkeit. Jede Art von Kompetenz zeigt sich in Differenzierungsfähigkeit, ganz gleich, ob Sie ein Herzchirurg oder ein Finanzierungsexperte sind. Und Führungskompetenz zeigt sich durch die kluge Kombination von mentaler Differenzierungsfähigkeit und dem wirkungsvollen Einsatz von Werkzeugen, von Mindset und Tools. Daran mangelt es vielen. Und deshalb nehmen auch die mentalen Krankheiten so unverhältnismäßig zu.«

Luis Berg ließ die Intensität seiner Worte sacken. Alle schwiegen und dachten nach.

Alfred Specht ergriff als Erster das Wort: »Eins ist mir schon jetzt klar, lieber Herr Berg. Die Auseinandersetzung mit Ihnen und Ihren Ideen ist herausfordernd. Geistig anstrengend, jedoch sehr nahrhaft. Mir kommt es fast so vor, als sprächen Sie von einer anderen Art zu denken. Ja sogar von einer Denkschule.« »Freut mich, dass Sie das so schnell erkennen«, erwiderte Louis Berg, »und noch mehr freut mich, dass Sie so offen sind, sich ernsthaft Gedanken machen und nicht innerlich auf Widerstand gehen! Ich darf jetzt schon seit über zwanzig Jahren meiner Berufung folgen, doch erst in letzter Zeit ist mir so richtig klar geworden, woran es in der Personalentwicklung in der Vergangenheit am meisten mangelte. Die Werkzeuge für Führung wurden permanent weiterentwickelt und verbessert. Doch die mentale Haltung, die Art zu denken, wurde kaum weiterentwickelt. Stellen Sie sich einmal vor, Sie entwickeln die Apps auf Ihrem Handy permanent weiter und lassen das Betriebssystem veralten. Genau das ist an vielen Stellen in der Weiterbildung zu beobachten. Immer bessere Werkzeuge und veraltete Betriebssysteme. Veraltetes Denken. Veraltetes Bewusstsein. Und bei mentaler Haltung denken die meisten an ein halb volles oder halb leeres Glas, gut oder schlecht drauf sein oder einmal mehr aufstehen als hinfallen. Billige Kalendersprüche also. Für die Zukunft ist es wichtig, dass wir unser Betriebssystem, unser Bewusstsein, unser Denken genauso konsequent weiterentwickeln wie die Werkzeuge. Dazu bedarf es einer präzisen Methodik und Didaktik. Eines durchdachten Systems, das die mentale Haltung mit den Werkzeugen der Führung in Einklang bringt. Wie geht Führung genau, ganz genau? Wie macht jede Führungskraft ihren nächsten Schritt in der persönlichen Entwicklung? Wie sprechen Führungsteams eine gemeinsame Sprache? Wie sieht eine zukunftsfähige Firmenkultur aus? Und – fast noch wichtiger – wie lässt sich eine solche Firmenkultur verwirklichen? Welche Stufen von Verantwortungsbewusstsein gibt es? Und wie lässt sich Verantwortungsbewusstsein trainieren? Über das Thema Führung gibt es derartige Massen an Informationen, in Büchern, Magazinen, Videos, Seminaren. Sie finden unzählige Antworten, darunter auch viele falsche Schlussfolgerungen, die für Verwirrung sorgen. Wir sind überfüttert mit Informationen, ohne Klarheit darüber zu haben, worauf es wirklich ankommt. Niemand weiß genau, was eine wirkungsvolle Führungskraft tun muss. An die Stelle einer Aufgabenbeschreibung trat die Verherrlichung einzelner Starunternehmer. Die persönlichen Eigenarten dieser Superstars wurden zu Führungsstilen erklärt. Und jeder dachte: Wenn ich wie XY bin, dann bin ich eine bessere Führungskraft. Statt Aufgaben zu erfüllen, wollte man so sein wie die Stars. Jeder nahm sich andere Vorbilder und verherrlichte andere Charaktereigenschaften.« Louis Berg hielt kurz inne. »Wird eine Firma von einem solch charismatischen Menschen geführt«, erläuterte er dann, »so gibt es innerhalb dieser Firma eine Art System, weil jeder versucht, ihm nachzueifern. Aber was geschieht, wenn ein solcher Mensch abtritt, die Firma verlässt? Dann entsteht ein Loch und es herrscht Orientierungslosigkeit. Jeder sucht sich dann seinen persönlichen Führungsstil. Aber das Wichtigste wird vergessen: Niemand weiß genau, welche Aufgaben jeder Leader immer und auf jeden Fall zu erfüllen hat. Weil die Führungsaufgaben nicht definiert wurden, konnte kein einheitliches Führungssystem entstehen. Ohne ein klares System können wiederum die meisten Menschen ihre Führungsfähigkeiten nicht entwickeln und trainieren. Die Folge ist Unsicherheit. Wer unsicher ist, kann keine optimalen Ergebnisse erzielen.« Louis Berg sah seine Zuhörer an und bemerkte, dass sie vieles verstanden hatten. Aber sie hatten die Wichtigkeit seiner Worte noch nicht ganz erfasst. Sie sollten ihn nicht nur mit dem Kopf, sondern auch mit dem Herzen verstehen. Darum entschloss er sich, ihnen seine Geschichte zu erzählen. »Vergessen Sie alles, was Sie bisher über Führung gehört haben. Das meiste sind Mythen, die wir überwinden müssen. Wir werden die Fakten von den Märchen trennen. Ich schlage vor, wir treffen uns morgen früh wieder hier, pünktlich um Viertel vor neun. Dann werde ich Ihnen erklären, warum man nicht so sehr überlegen sollte, wie eine Führungskraft zu *sein* hat, sondern dass es viel effektiver ist, zu wissen, was sie *tun* muss. Ich werde Ihnen meine Geschichte erzählen. Denn durch das, was ich erlebt habe, habe ich die Mythen über Führung als solche durchschaut, einen Mythos nach dem anderen. Ich war einmal Tennisprofi … bis ich mir bei einem Sprung ins Wasser die Halswirbelsäule brach. Aber das erzähle ich Ihnen morgen. Noch eins«, setzte Louis Berg an, »die Teilnahme ist freiwillig, Sie müssen nicht kommen. Aber wenn Sie sich entscheiden, morgen zu kommen, dann beginnt es. *Dann beginnt für Sie der Prozess, durch den Sie zu einer noch wirkungsvolleren Führungskraft werden.*« Bevor er den Raum verließ, schrieb er auf das Flipchart:

Frage nicht, wie eine Führungskraft sein soll, sondern was sie tun muss.

Unterscheidungen aus dem letzten Kapitel:

1. Wirkung / Ergebnisse
2. Fachkompetenz / Führungskompetenz
3. Einflussbereich / Interessenbereich
4. Erkennen / Anerkennen / Transformieren
5. Verantwortung / Schuld
6. Aufnahmeberechtigung / Aufnahmebereitschaft
7. App / Betriebssystem
8. Bild der idealen Führungskraft

In diesem Video aus der Online Lernwelt beantwortet Boris Grundl folgende Frage:

Welchen Sinn hat Leadership in der Zukunft?

https://www.grundl-institut.de/begegnung

Für mehr Inspirationen folgen Sie Boris Grundl auf:

2. Der Unfall

Alle waren gekommen – schon Minuten vor der vereinbarten Zeit. Mit einem frischen »Guten Morgen – danke, dass Sie gekommen sind« rollte Louis Berg in den Raum und begann ohne weitere Umschweife mit seinem Bericht.

»Mit fünfundzwanzig Jahren gehörte ich als Tennisprofi zu den Top hundert in Deutschland. Ich hatte große Ziele und trainierte wie ein Tier. Nebenbei studierte ich Sport. Tennisspielen war für mich ein Kampf auf Leben und Tod, fressen oder gefressen werden. Ein Urlaub in Mexiko, der Sprung von einem Wasserfall – und plötzlich war alles zu Ende: Ich wollte den Indios nacheifern. Die sprangen unbekümmert einen zehn Meter hohen Wasserfall im Dschungel hinunter in einen kleinen See. Den ersten Versuch überstand ich unbeschadet. Beim zweiten Sprung passierte das Unglück: Beim Aufprall auf dem Wasser überstreckte sich mein Kopf und ich brach mir den siebten Halswirbel. Ich konnte nicht mehr schwimmen und drohte zu ertrinken.

Mein Freund und Reisegefährte Thomas konnte mich mit der Hilfe einiger Indios aus dem Wasser bergen. In einem nahe gelegenen Krankenhaus wurde ich am nächsten Tag operiert. Aber die Ärzte waren völlig überfordert. Ich blieb gelähmt – neunzig Prozent meines Körpers konnte ich nicht mehr bewegen. Lange Zeit hatte ich eine große Wut auf diese Ärzte. Meine Mutter schaffte es mit unglaublichem Einsatz, die 75 000 Euro für meinen Rücktransport in einem medizinischen Privatflieger nach Deutschland zusammenzubekommen. Dort wurde ich ein zweites Mal operiert. Diesmal war es endgültig: Ich bin vom Hals abwärts gelähmt, nur meine Arme kann ich bewegen – die Finger der linken Hand aber nur zu zehn Prozent, die der rechten zu dreißig Prozent. Da lag ich nun in der Reha-Klinik – ich, der ehemalige Hochleistungssportler. Hier begann mein Kampf um ein lebenswertes Leben nach dem Unfall. Die ersten zwei Monate waren die Hölle. Ich musste in einem Sandwichbett liegen, damit ich mich nicht wund lag. Ein paar Stunden mit Blick auf die Decke. Und dann ein paar Stunden mit Blick auf dem Boden. Decke, Boden, Decke, Boden. Die gut gemeinten täglichen Besuche aus meinem Freundeskreis gingen über meine Kraft. Ich hielt das ganze Mitleid einfach nicht mehr aus. Ich bat sie, mich erst einmal in Ruhe zu lassen.

Die ganze Zeit quälte mich die Frage: Warum musste das ausgerechnet mir passieren? Für mich war doch der Sport so wichtig. Ich wurde immer frustrierter und verbrachte die Tage damit, mich selbst zu bedauern. Und dann – aus heiterem Himmel – tauchte plötzlich eine andere Frage auf: *Wofür ist dein Unfall gut?*

Ich dachte: Okay, jetzt ist es so weit, jetzt wirst du auch noch verrückt. Ich versuchte die Frage zu verdrängen – aber sie beschäftigte mich immer stärker. Wozu mein Unfall gut war? Was für eine hirnrissige Frage! Ich konnte nie mehr wie früher Tennis spielen, nie mehr wie früher eine Frau verführen, musste von Sozialhilfe leben, beruflich konnte ich vielleicht irgendwo Kinokarten abreißen – wenn ich meine Finger weiter trainierte … Was für ein erbärmliches Leben. Wozu sollte das gut sein? *Wozu?*

Ich blickte voller Wut auf die Tennispokale, die mir meine Mutter als Erinnerung an glanzvolle Zeiten ans Bett gestellt hatte. Ich bat eine Krankenschwester, die Pokale in den Schrank zu verfrachten. Und ich machte mit meiner Freundin Schluss. Denn ich fühlte, dass sie sich nach dem alten Louis sehnte, den es nie mehr geben würde. Das konnte und wollte ich nicht ertragen. Als ich es ihr sagte, waren wir beide erleichtert. Nachdem sie gegangen war, fühlte ich mich sehr allein. Erleichtert zwar, aber auch unendlich einsam.

Tage vergingen, Wochen, Monate. Endlich durfte ich das Bett verlassen und lernte, mich in meinem neuen Leben zurechtzufinden: der Rollstuhl, die Krankengymnastik, die Einsamkeit … Wozu war dieser Unfall gut? Ob Sie es glauben oder nicht, ich fand Antworten. Zuerst einzelne, dann immer mehr. Ich konnte mich inzwischen einigermaßen souverän mit dem Rollstuhl bewegen. Ich hatte mir Ziele gesetzt wie damals beim Tennis. Ich trainierte wie verrückt, um möglichst beweglich zu sein.

Und währenddessen fielen mir immer mehr Antworten ein, wofür der Unfall gut war: Ich hatte nun viel Zeit, um über die Dinge nachzudenken, auf die es wirklich ankam. Ich fand heraus, wer meine wahren Freunde sind. Ich musste nicht mehr blenden – womit auch? Ich stieß an meine wirkliche Leistungsgrenze. Doch mir fehlte noch die eine, alles entscheidende Antwort.

Die Konzentration auf jene magische Frage veränderte meinen Zustand und meine Laune. Auch andere bemerkten die Veränderung. Christiane, meine Krankengymnastin, verliebte sich in mich. Ich war überglücklich – weil ich mich ebenfalls verliebt hatte – und gleichzeitig zu Tode betrübt. Wie konnte ich sie glücklich machen? Nach und nach begriff ich, dass sie mich so liebte, wie ich war. Wir haben übrigens später geheiratet und eine Tochter bekommen: Vivien. Sie ahnen wahrscheinlich, was es für mich bedeutet, Vater zu sein. Ich genieße jede Sekunde mit meiner Tochter.

Ich lernte mich weit besser zu bewegen, als die Mediziner es bei meinem Lähmungsgrad für möglich gehalten hatten. Obwohl oder auch gerade weil ich meine Fähigkeiten immer wieder auf die Probe gestellt habe, erlebte und erlebe ich freilich auch Rückschläge und Peinlichkeiten. Einmal hörte ich, wie ein anderer Patient mit seiner Frau über mich sprach: ›... für den armen Krüppel wäre es besser gewesen, er hätte den Unfall nicht überlebt ... was für eine Zukunft hat er denn?‹ Die Worte trafen mich hart. Wäre ich wirklich besser tot? Wie konnte er so etwas sagen? Ich fuhr voller Rage und Frust in den Wald. Dort stürzte ich einen Abhang hinunter. Ich fiel aus meinem Rollstuhl und blieb an einem Baum liegen. Ich hatte unglaubliche Schmerzen, mein Schlüsselbein war gebrochen. Stundenlang lag ich dort, ich schrie um Hilfe. Niemand hörte mich ...

Wozu war jener Unfall wirklich gut? Zwischen den Schmerzschüben beschloss ich, noch intensiver über diese Frage nachzudenken. Auf einmal wich auch die Angst, nicht gefunden zu werden, obwohl es langsam dunkel wurde. In der Klinik hatte man mich zunächst gar nicht vermisst und nahm erst in der Nacht die Suche auf. Letztlich fand mich dann die Feuerwehr. Zum Glück heilte der Bruch recht schnell. Als Rollstuhlfahrer musste ich die einfachsten Dinge neu lernen, zum Beispiel, mich anzuziehen. Als ich das erste Mal versuchte, einen Strumpf überzuziehen, benötigte ich zwanzig Minuten. Es dauerte vier Stunden, bis ich ganz angezogen war. Ich rechnete hoch: acht Stunden fürs An- und Ausziehen. Ein tolles Leben lag vor mir. Mein Selbstmitleid nagte an mir. Wofür war dieser Unfall gut?

Eines Morgens dann passierte es: Ich fand die Antwort. Ich war um fünf Uhr früh aufgestanden und hatte die Klinik verlassen, um auf einen kleinen Hügel hinaufzufahren. Ich wollte mir beweisen, was ich noch ohne fremde Hilfe schaffen kann. Oben wollte ich dann zum ersten Mal seit meinem Unfall die Sonne aufgehen sehen. Es hat geklappt. Sie können sich vielleicht vorstellen, wie ich diesen Moment genoss. Ich wusste, wenn ich das geschafft habe, dann kann ich noch viel mehr erreichen. Schritt für Schritt. Tag für Tag. Stunde für Stunde. Egal wie beschwerlich der Weg auch sein würde. Ich musste nur wissen, wo ich hinwollte, und bereit sein, den Preis dafür zu zahlen.

Gleichzeitig begann sich die Antwort in mir zu formen: Ich musste lernen, Hilfe anzunehmen. Es ging in meinem Leben nicht mehr ums Fressen oder Gefressenwerden, es gab kein Gegeneinander mehr, sondern nur noch ein Miteinander. Ich musste den Hügel des Lebens nicht allein bewältigen.

Doch das war nicht alles: Diese Hilfe musste ich *lenken*. Ich wollte lernen, zu führen. Mich selbst, das Leben und andere Menschen. Ich wollte durch mein Leben beweisen, was alles möglich ist. Trotz oder gar wegen widrigster Umstände. Ich wollte lernen, Dinge durch andere zu erreichen. Mein Herz raste, meine Gedanken überschlugen sich. Eine Ahnung kam in mir auf und wurde zur Gewissheit. Mit einem Mal wusste ich es: *Ich wollte anderen Menschen zeigen, wie man führt. Wie man sich selbst und andere führt. Auf höchstem Niveau.*

Ein Gefühl tiefen Glücks überkam mich. Ich hatte das Gefühl, nach Hause zu kommen. Ja, das war es, was ich tun wollte. Anderen Menschen zeigen, wie man führt. Ich spürte: Das werde ich tun, weil ich durch meinen Unfall weiß, dass wir einander brauchen. Zusammen haben wir mehr Energie. Aber diese Energie muss gebündelt und das heißt geführt werden. Ich fühlte: Ich muss wachsen und kann dieses Ziel erreichen, nicht *trotz*, sondern *wegen* meines Unfalls. Plötzlich sah ich mein Unglück als Brücke zu meiner Lebensleistung. Ich versprach mir, mich fortan bei jedem Problem zu fragen:

Wie kann ich erreichen, dass das Problem nicht *gegen*, sondern *für* mich arbeitet?

Oder anders: Wie kann ich aus Niederlagen Siege machen? Ja, wie kann ich Scheiße fressen und Gold ausspucken? Von jetzt an wollte ich Negatives in Positives verwandeln. Ich wusste, dass das nicht nur der richtige Weg war, mit meinem Schicksal umzugehen – es war der *einzige* Weg.

Überwältigt saß ich dort oben auf dem Hügel. Ich hatte noch keine Idee, wie ich das alles lernen sollte. Ich begriff nur, dass ich mit der gefundenen Antwort nicht am Ziel, sondern am Start angekommen war. Schließlich musste ich zunächst einmal selbst eine wirkungsvolle Führungskraft werden, bevor ich anderen Tipps geben konnte. Aber ich wusste: Ich kann es schaffen – mit der Hilfe anderer.«

Louis Berg legte eine Pause ein und trank ein Glas Wasser. Seine Zuhörer beobachteten nun jede seiner Bewegungen mit viel mehr Aufmerksamkeit und Respekt. Sie begannen zu ahnen, wie viel Übung es ihn gekostet hatte, wieder aus solch einem Glas trinken zu können. Und sie fühlten, dass die Geschichte jetzt erst richtig begann. Louis Berg fuhr fort: »Natürlich war die Realität zunächst einmal ernüchternd. Als ich den Hügel hinunterrollte, tauchte ich wieder in den Alltag eines Schwerbehinderten ein, der in Zukunft von der Sozialhilfe leben würde. Eigentlich hatte ich keine Chance. Doch genau die galt es jetzt zu nutzen. Ich wusste, dass ich nicht mit einem großen Sprung an mein Ziel kommen konnte. Aber es war doch schmerzlich, wie klein die Schritte dorthin waren. Armselig klein. Zunächst beschloss ich, mein Studium der Sportwissenschaften abzuschließen. Sie können sich vorstellen, dass das nicht ganz einfach war. Parallel dazu nahm ich mir eine eigene Wohnung. Alle Experten rieten mir davon ab: Bei meiner Lähmungshöhe sei das unmöglich. Aber ich wollte mich im wirklichen Leben wieder zurechtfinden. Ich wollte in der Lage sein, mein Leben zu führen, bevor ich andere führte. Natürlich war der

Alltag voller Herausforderungen: waschen, einkaufen, anziehen ... Die Welt sieht aus dem Rollstuhl einfach anders aus. Bei einer Lähmung von neunzig Prozent geht es in Summe vor allem um eine Energiebilanz. Ich brauche eben noch heute zehnmal mehr Energie für jeden Tag als Sie. Fürs Aufstehen, Waschen und Anziehen. Für das Ein- und Aussteigen ins Auto oder für das Schreiben eines Briefes. Alles mal zehn. Jeden Tag. Damals wie heute.«

Eberhard Wehrlich nickte und sagte: »Durch diese heftige Schule verstehe ich jetzt auch diese fordernde Intensität, welche von Ihnen ausgeht. Zuerst hat mich das abgeschreckt. Aber es geht ja nicht darum, dass wir so werden wie Sie, sondern dass wir von Ihren Erfahrungen das Beste für uns rausholen.«

»Gut beobachtet, Herr Wehrlich.« Louis Berg fuhr fort: »Nachdem ich das Studium abgeschlossen hatte, suchte ich nach einer Arbeitsstelle. Denn ich wollte nicht länger von der Sozialhilfe leben. Das war gar nicht so einfach. Wer wollte schon einen Rollstuhlfahrer mit Diplom in Sportwissenschaften? Nach einiger Zeit fand ich eine Möglichkeit: Ich verkaufte Rollstühle, zunächst auf Provisionsbasis, weil der Personalchef mit mir kein Risiko eingehen wollte. Es war nicht leicht, verkaufen zu lernen. Ich wollte anfänglich so vorgehen, wie ich früher Tennis gespielt hatte: mit Kraft und Kampf. Gespräch gewonnen, Auftrag verloren. Drei Monate lang verkaufte ich nicht einen einzigen Stuhl. Also verdiente ich auch nichts. Das Wasser stand mir bis zum Hals. Ich war verzweifelt. Aber dann lernte ich zufällig Bernd Weiss kennen, einen erfolgreichen Unternehmer und Schriftsteller.

Er zeigte mir geduldig, was ich beim Verkaufen falsch machte, und empfahl mir, ein bestimmtes Verkaufsseminar zu besuchen. Was ich dort lernte, war eine Offenbarung. Danach ging es schnell. Verkaufen ist gar nicht so schwer. Man muss nur die entscheidenden Grundsätze kennen. Getrieben von meiner Vision schlug ich nach einiger Zeit alle Verkaufsrekorde meiner Firma. Ich verdiente gut, Christine und ich heirateten. Bernd Weiss traf ich nun regelmäßig, er wurde mein Mentor.

Andere Verkäufer begannen, mich zum Vorbild zu nehmen. Nach zwei Jahren wurde ich zum Verkaufsleiter ernannt. Ich wollte allen ein Vorbild sein, so verkaufte ich nebenbei weiter. Zunächst funktionierte das ganz gut – die Umsätze stiegen. Und zu allen Verkäufern baute ich ein enges freundschaftliches Verhältnis auf.

Aber dann wurden die Ergebnisse plötzlich schwächer. Außerdem waren andere Abteilungen neidisch auf unsere Erfolge und sabotierten uns regelrecht. Es wurmte mich, dass ich außerhalb meines Teams keinen Einfluss hatte.

Ratlos rief ich Herrn Weiss an. Wir trafen uns in einem schönen Café. Auf dem Weg dorthin fiel mir ein, dass ich eigentlich noch immer nicht viel über ihn wusste, nur, dass er sehr wohlhabend war. Und er kannte sich offensichtlich in all den Dingen bestens aus, die mir gerade Probleme bereiteten.

Als ich meinem Mentor das Problem geschildert hatte, sah er mich amüsiert an: ›Louis, Sie sind einem alten Führungsmythos auf den Leim gegangen. Wer durch zu viel Nähe führt, der wird von den anderen ausgenutzt. Sie werden zu energetischen Vampiren. Sie fordern: Motiviere mich! Überzeuge mich! Mach mich glücklich!

Doch auch wer mit zu viel Distanz führt, verliert den Zugang zu den Menschen: die Aufnahmebereitschaft. Das Herz. Was auf einer Bewusstseinsebene wie gegensätzliche Pole aussieht, ist auf einer anderen Ebene eine tiefe Erkenntnis:

Die Transformation von Nähe und Distanz ist distanzierte Nähe.‹

Ich muss ihn ziemlich verständnislos angeschaut haben, denn er erklärte: ›Sie wollen Ihre Verkäufer über persönliche Nähe zur Leistung motivieren. Dieses Vorgehen nutzt sich schnell ab, wie Sie sehen. Es ist eine emotionale Sackgasse. Erlauben Sie etwas mehr Nähe bei Leistung und halten Sie generell etwas mehr Distanz. Abstand aus Anstand. Nah, aber nie zu nah. Wie Stachelschweine. So nah, dass man sich gegenseitig wärmt, aber nie so nah, dass man sich gegenseitig verletzt.‹

Das war für mich schwer einzusehen. Schließlich war ich stolz auf meinen kumpelhaften Führungsstil. Da ich großes Vertrauen in Bernd

Weiss hatte, hielt ich mich an seinen Rat. Und das war gut so, denn bald stellte sich der gewünschte Erfolg ein. Später fand ich heraus, dass Menschen den Mangel an eigener innerer Harmonie oft durch Nähe mit anderen kompensieren wollen. Hier wurde mir auch das Konzept der mentalen Transformation so richtig bewusst. Was auf einer Bewusstseinsebene als Gegensatz erscheint, löst sich auf einer anderen Ebene auf. So wird aus Nähe und Distanz *distanzierte Nähe*. Aus Sicherheit und Zweifel wird *zweifelnde Sicherheit*. Ein anderes Bewusstsein. Aus Bestätigung und Wachstum wird *Bestätigung durch Wachstum*. Und aus Vertrauen und Misstrauen wird *kluges Vertrauen*. Aus Beziehungsorientierung und Ergebnisorientierung wird *ergebnisorientierte Beziehungsorientierung*.

Transformation: Das Auflösen von Gegenpolen

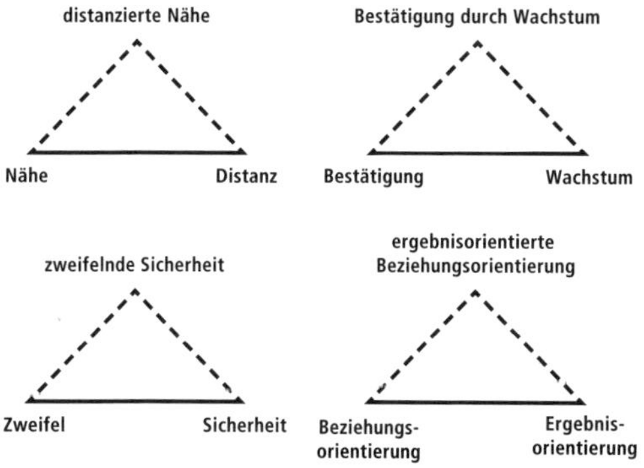

Diese Idee der mentalen Transformation hat mich so fasziniert, dass ich daraus ein strukturiertes Lehrkonzept mit klarer Methodik und Didaktik entwickelt habe. Durch sogenannte Unterscheidungen (mentale Differenzierungen) wie zum Beispiel Einflussbereich und Interessenbereich werden Themen mental abbildbar. Sie werden sichtbar. Sie werden bewusst. Aus einer unbewussten Inkompetenz wird eine *bewusste Inkompetenz*. Mir wird also bewusst, wo ich in der Vergangenheit Ursachen für schwache Ergebnisse gesetzt habe. Dieses *Sichtbarmachen*

ist die große Kunst und verlangt viel Mut. Durch konsequentes Üben und Anwenden wird dann daraus eine *bewusste Kompetenz*. Das Thema wurde transformiert. Damit können Menschen mentale Zustände bei sich und anderen sichtbar machen und trainieren.

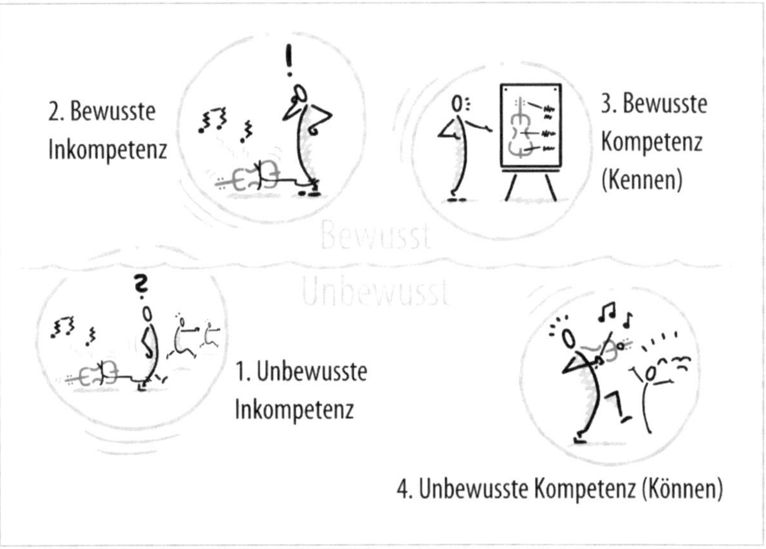

Bernd Weiss half mir auch, einen weiteren Mythos hinter mir zu lassen. Ich hatte bis dahin geglaubt, ich müsste nur hierarchisch führen, also nur meine Mitarbeitenden. Doch er erklärte mir, das sei die leichteste aller Übungen. Viel schwerer sei es, seine Kolleginnen und Kollegen, seinen Chef und andere Mitarbeitende zu führen: ›Führen Sie jeden. Führen Sie seitwärts, nach unten, nach oben und sich selbst. Solange Sie leben, müssen Sie immer führen.‹ Diese und viele andere Erkenntnisse setzte ich in meinem Alltag um. Meine Fähigkeit zu führen bildete sich auf diese Weise rasch aus. Ich wurde Gastdozent an den Unis Köln und Bochum. Jetzt war es an der Zeit, mir meinen alten Traum zu erfüllen: Ich fing wieder mit Leistungssport an, lernte Rollstuhl-Rugby, eine harte Sportart. Noch härter war allerdings der Umgang mit den Sportfunktionären. Ich will hier nicht alle Steine aufzählen, die mir in den Weg gelegt wurden. Aber glauben Sie mir, ohne meine neuen Führungsfähigkeiten hätte ich aufgegeben.

So jedoch wurde ich Nationalspieler, durfte an den Paralympics in Sydney teilnehmen und wurde zum besten europäischen Spieler gewählt, außerdem zum Ersten Vorsitzenden des Rollstuhl-Rugby-Verbands Deutschland. Besonders wertvoll freilich war, dass ich einen hohen olympischen Funktionär kennengelernt habe, Chris Wood, einen fantastischen Leader. Auch von ihm habe ich viel gelernt.«

Louis Bergs Zuhörer waren tief beeindruckt. Als wenn er ihre Gedanken erraten konnte, sagte er: »Ich will nicht bei Ihnen Eindruck schinden, sondern Ihr volles Verständnis erreichen für das, was ich Ihnen in Kürze vorschlagen will. Ich biete Ihnen an, die wahren Geheimnisse der Führung kennenzulernen. Und ich stelle Ihnen mein Sechs-Monats-Programm vor. Ich nenne es ›Leading Simple‹. Damit werden Sie echte Leader. Das hat jedoch nur Sinn, wenn Sie dieses Programm wirklich wollen und sich ganz darauf einlassen. Wenn ich Ihnen meine Geschichte weitererzähle, werden Sie bald feststellen, ob Sie dazu bereit sind.«

Die Vorstandsmitglieder der Gruber AG forderten ihn auf fortzufahren. Doch Louis Berg schlug vor, erst einmal zu Mittag zu essen und Punkt Viertel nach eins wieder zusammenzukommen.

Unterscheidungen aus dem letzten Kapitel:

1. Nähe / Distanz
2. Unbewusste Inkompetenz / Bewusste Inkompetenz / Bewusste Kompetenz / Unbewusste Kompetenz
3. Sich selbst führen / Andere führen
4. Bestätigung / Wachstum
5. Zweifel / Sicherheit
6. Beziehungsorientierung / Ergebnisorientierung
7. Kennen / Können

In diesem Video aus der Online Lernwelt beantwortet Boris Grundl folgende Frage:

Wie mache ich aus Niederlagen, Siege?

https://www.grundl-institut.de/unfall

Für mehr Inspirationen folgen Sie Boris Grundl auf:

3. Der »Roundtable of Leaders«

Zur vereinbarten Zeit erzählte Louis Berg seine Geschichte weiter: »Die Fachpresse berichtete über mich, ich wurde in Talkshows eingeladen, Headhunter riefen an und schließlich warb mich ein großer internationaler Konzern ab. Ich wurde zum Marketing- und Vertriebsdirektor weltweit ernannt und sofort mit neuen Aufgaben und Herausforderungen konfrontiert. Mithilfe meiner Mentoren bewältigte ich sie recht gut. Ich begann mich wohlzufühlen in meiner Rolle als Leader.

In jener Zeit bekam ich einen Anruf von meinem Freund Bernd Weiss. Er lud mich ein, ihn auf der Insel zu besuchen, auf der er wohnte. Bernd ist einer der Menschen, die mich ständig fordern und zum Nachdenken anregen.

Freudig nahm ich die Einladung an. In herrlicher Umgebung führten wir intensive Gespräche. Wir unterhielten uns darüber, was wirklich zählt im Leben. Über die große Leidenschaft: Leben! Was für ein großartiges Geschenk. Und über die Frage, warum die meisten Menschen nie erfahren, wozu sie wirklich in der Lage wären. Ich wurde unruhig. Bernd wusste von meinem Erlebnis auf dem Hügel, kannte das Versprechen, das ich mir selbst gegeben hatte. Und er forderte mich auf, es jetzt einzulösen: ›Es ist Zeit, dass du kündigst. Fang endlich an, das Leben zu führen, von dem du träumst.‹

Ich wandte ein, dass ich noch nicht bereit sei, mich intensiver vorbereiten müsse. Als Erwiderung zitierte Bernd Aristoteles:

›Es gibt Dinge, die wir lernen müssen, bevor wir sie tun können, und wir lernen sie, indem wir sie tun.‹

Dann sagte er: ›Louis, ich kenne dich jetzt viele Jahre. Und ich habe einfach das Gefühl, dass du nicht länger warten solltest. Du denkst, dass du noch nicht die Berechtigung hast, andere zu lehren. Ich bin davon überzeugt, dass gerade deine einzigartige Lebenserfahrung dir alle Berechtigung dazu gibt. Das Einzige, was dich noch zurückhält, ist deine Angst, Altbekanntes loszulassen und dich auf dieses Abenteuer, nein – auf deinen Ruf, deine Berufung einzulassen.‹ Ich war wie vor den Kopf geschlagen. Meine Gedanken überschlugen sich: Ich war zu einem anerkannten Leader geworden. Statt Sozialhilfe zu beziehen, verdiente ich nun ein sechsstelliges Jahresgehalt. Ich hatte die Sicherheit eines Konzerns. Für einen Rollstuhlfahrer ist Sicherheit ein großes Thema. Ich hatte Ansehen. Und da sagte mir dieser Mensch, ich solle alles aufgeben und ganz von vorn anfangen …

›Wozu ist dieser Unfall gut gewesen?‹ Ich hörte Bernds Stimme wie von ganz weit her. Und wieder: ›Wozu ist dieser Unfall gut gewesen?‹ Langsam drang die Frage in mein Bewusstsein. Wie lange hatte ich sie nicht mehr gehört. Ich ärgerte mich, dass ich Bernd so viel von mir erzählt hatte. Er lächelte mich an, als wenn er meine Gedanken erraten hätte: ›Louis, es ist deine Entscheidung.‹

Aufgewühlt flog ich nach Hause. Ich führte lange und hilfreiche Gespräche mit meiner Frau, mit dem Olympiafunktionär Chris Wood und immer wieder mit Bernd Weiss. Dann nahm ich mir Urlaub, um in Ruhe nachzudenken. Auf einmal wurde mir klar, dass die Entscheidung längst gefallen war. Es gab keinen anderen Weg für mich. Ich kündigte meinen sicheren Job.

Wieder stand ich da ohne irgendeine Sicherheit. Ich lebte von meinen Rücklagen und fing an, mein Wissen über Führung schriftlich zu ordnen. Dabei überfiel mich plötzlich eine Erkenntnis: Was ich aufgeschrieben hatte, war gut, sehr gut sogar. *Aber es hatte kein System. Es war kein klares Programm, das jeder innerhalb einer bestimmten Zeit lernen kann.*

Diese Erkenntnis traf mich wie ein Schlag ins Gesicht. Denn ohne System konnte und wollte ich nicht beginnen. Ich grübelte und suchte und verschlang Unmengen von Büchern über Management und Führung. Das Ergebnis war nicht berauschend: viele gute Ansätze, viele falsche Schlussfolgerungen. Charaktereigenschaften von Spitzenunternehmern werden fälschlich zu Führungsstilen erhoben ... Was fehlte: eine überzeugende, klare Methodik und Didaktik zur Erlernbarkeit von Leadership. Eine smarte Verbindung von Bewusstsein und Werkzeugen. Werkzeuge gibt es wie Sand am Meer.

Niemand hat bisher präzise definiert, in welchen klaren Lernschritten Leader immer besser werden. Ich wollte diese Aufgaben genau definieren: *Was muss ein Mensch tun, um immer wirkungsvoller zu führen?*

Dann wollte ich die Aufgaben zu einem System zusammenfassen und ein Programm entwickeln, mit dessen Hilfe jeder Mensch zum besten Leader wird, der er oder sie sein kann. Das war der Anspruch. Ein klares, einfaches und effektives Programm. Instinktiv spürte ich allerdings, dass die wesentlichen Punkte in meinen Gedanken fehlten. Wichtige Fragen hatte ich noch gar nicht tiefer durchdacht. Und so drehte ich mich im Kreis. Ich kam nicht weiter, wurde immer frustrierter, aber ich wollte und konnte nicht aufgeben.

Monate vergingen. Schließlich besann ich mich auf meine Mentoren und fragte sie um Rat. Ich traf Chris Wood und Bernd Weiss. Aber anders als sonst wichen sie mir diesmal aus. Sie lächelten nur geheimnisvoll und gaben mir eher unkonkrete Ratschläge wie: ›Gib nicht auf, dann wirst du die Lösung erfahren.‹ Und dann kam der Brief. Ein Kurier brachte ihn, und diese Sendung veränderte alles. Das Schreiben war kurz und kam gleich zur Sache.

Sehr geehrter Herr Berg,

wir laden Sie zu unserem Roundtable of Leaders in London ein. Flugticket, Reiseunterlagen und Details zu unserem Treffen finden Sie in der Anlage. Wir freuen uns auf Sie.

Mit freundlichen Grüßen

Marc McKane
Chairman

Der Flug war für die erste Klasse gebucht, das Briefpapier offensichtlich teuer. Ich hatte eine Reservierung in einem Luxushotel – alles bereits bezahlt. Man schien sich sicher zu sein, dass ich die Einladung annehmen würde. Trotzdem zögerte ich.

Meine Frau sagte spöttisch: ›Louis, du kannst natürlich nur dahin fliegen, wenn deine zahlreichen Verpflichtungen es zulassen.‹ Treffer! Ich hatte einfach mal wieder nur Angst vor dem, was da auf mich zukommen sollte. Da ging mir auf, dass ich mich wochenlang in mein Haus zurückgezogen hatte. Selbst meinen Sport hatte ich vernachlässigt. Ich beschloss, nach London zu fliegen.

Im Flugzeug lernte ich einen faszinierenden reiferen Mann kennen: Harald Gruber. Ich mochte ihn auf Anhieb. Er hatte mich zufällig einmal in einer Talkshow gesehen und wir unterhielten uns über Führung.

Meine Einladung zum Roundtable in London beeindruckte ihn. Er hatte schon von diesem geheimnisvollen Kreis gehört.

Als es um Literatur zum Thema Führung ging, schilderte ich ihm meinen Eindruck: ›Ich glaube, durch die meisten Bücher ziehen sich zwei große Fehler: Entweder beschreiben sie immer noch bessere Werkzeuge, die dann über die Belegschaft drübergebügelt werden. Neue Werkzeuge, altes Denken. Noch mehr *Höher, Schneller, Weiter*. Symbolisch soll die Zitrone auf andere Art noch besser ausgequetscht werden. Obwohl uns eigentlich langsam klar sein sollte, dass diese Zeit vorbei ist. Oder sie handeln hauptsächlich davon, was den Superboss auszeichnet. Wie er *sein* sollte. Ohne klare, erlernbare Methodik und Didaktik, wie man das erlernen kann. Mit solch einem Idealbild können sich die meisten Menschen nicht identifizieren – und das sollten sie auch nicht. Denn die Beschäftigung mit einem Ideal lenkt das Bewusstsein zu sehr auf Defizite. Den Lesenden werden Charaktereigenschaften als Vorbild präsentiert, in denen sie sich nicht wiedererkennen, und so schalten sie ab. Sie meinen, nicht zum Führen geboren zu sein. Deshalb entgeht vielen Menschen das Leben, das sie leben könnten.‹

Harald Gruber sah mich betroffen an. Er überlegte eine Zeit lang und fragte dann, wie sich das denn lösen lasse. Ich erwiderte: ›Wir müssen die Aufgaben eines Leaders klar beschreiben und in ein System fassen.‹ Listig blinzelte er mich an und fragte fast ein wenig barsch: ›Meines Wissens gibt es ein solches System bisher nicht. Viele haben danach gesucht. Warum sollte es gerade Ihnen gelingen, so etwas zu konzipieren?‹ Ich erzählte ihm von meinem Unfall, von meiner Frage: ›Wozu ist dieser Unfall gut?‹, von meinen Antworten und räumte ein: ›Ich habe dieses System noch nicht, aber ich muss es auch nicht allein finden. Leadership ist kein Alleingang.‹ Er nickte nachdenklich. ›Das ist mir auch schon aufgefallen. Bis jetzt hängt die Qualität von Führung meist von Einzelpersonen und deren Persönlichkeit ab. Das ist für Unternehmen gefährlich. Weil eine zu große Abhängigkeit von Menschen entsteht. Genau das gilt auch für starke Unternehmerpersönlichkeiten. Ich zeichne Ihnen mal kurz auf, was mir aufgefallen ist.‹ Blitzschnell waren ihm Papier und Stift zur Hand.

Das Verhältnis von Person und System ergibt die Duplizität

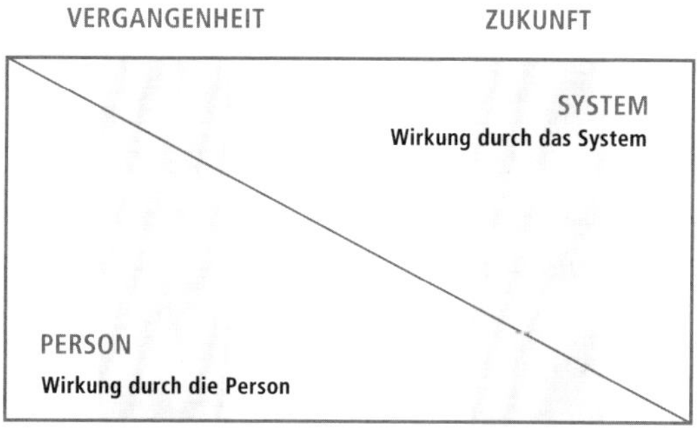

›Vielleicht hilft Ihnen diese Idee. So habe ich Leadership in der Vergangenheit erlebt. Die hauptsächliche Wirkung geht von der Persönlichkeit aus. Und so stelle ich es mir in der Zukunft vor – dass die hauptsächliche Wirkung von einem System getragen wird. Doch ich habe keine Ahnung, wie dieses System der Zukunft aussehen soll. Ich fühle, Sie liegen genau richtig. Meine Mitarbeitenden sind mir von Herzen wichtig, sie bedeuten mir alles. Bitte melden Sie sich bei mir, wenn Sie dieses System entwickelt haben.‹ Ich versprach es ihm. Wir blieben in Kontakt und wurden Freunde.

Zum Treffen des geheimnisvollen Roundtable of Leaders wurde ich in einen Saal geführt. Ungefähr fünfundzwanzig Personen waren dort versammelt, darunter einige Damen, doch in der Mehrzahl reifere Herren. Sie sahen würdevoll aus und hatten die Aura erfolgreicher Menschen. Ein Mann mit grauen Haaren stellte sich vor: ›Der Roundtable of Leaders heißt Sie willkommen. Ich bin Marc McKane und habe im Moment den Vorsitz inne. Darf ich Sie Louis nennen? Wir alle nennen uns hier beim Vornamen …‹

Ich hörte nicht weiter zu. Mein Blick war von einem zum anderen gewandert und plötzlich auf Bernd Weiss gefallen, der mir freundlich zulächelte. Ich drehte meinen Rollstuhl und dann sah ich Chris Wood. Auch er nickte mir aufmunternd zu. Unvermittelt wurde mir wieder bewusst, dass Marc McKane zu mir sprach. Ich stotterte ein wenig vor Verlegenheit. Die Anwesenden lachten. Aber ich hatte nicht den Eindruck, dass sie mich auslachten. Eher freuten sie sich über die gelungene Überraschung.

›Sie sehen, einige von uns haben Sie bereits einen guten Teil Ihres Weges begleitet‹, sagte Marc McKane lächelnd. ›Darf ich die anderen Teilnehmenden des Roundtable kurz vorstellen …‹ Versammelt waren einige Unternehmerinnen und Unternehmer, die viele Angestellte beschäftigten: Millionäre, Ökonomen, Philosophen, Historiker und Psychologen. Ich war sehr beeindruckt.

Marc McKane fuhr fort: ›Es hat immer schon Kreise wie diesen hier gegeben. Ich will darüber nicht ins Detail gehen. Nur so viel: Wir konnten auf gesammeltem Wissen aufbauen. Vor Jahren haben wir uns zum ersten Mal zusammengefunden. Jeder von uns ist ein Experte auf seinem Gebiet, ein Leader. Das Führen und Entwickeln von Menschen ist unser Lebensinhalt. Wir wussten, dass wir aus dem Bauch heraus handelten, ohne erkennbares System. Was wir taten, war nicht ohne Weiteres duplizierbar. Und damit nicht skalierbar. Wir waren deswegen unzufrieden, schließlich ließen wir uns doch von einem großen Ziel leiten:

Wir wollten definieren,
welche *Aufgaben* ein Leader hat,
welche *Hilfsmittel* ihm zur Verfügung stehen und
welche *Prinzipien* ihn auf dem Wege leiten.
Diese drei Fragen – *was, womit, wodurch* – waren
der Ausgangspunkt für das System, das wir suchten.‹

Wie durch Zauberhand warf ein Beamer drei Worte an eine Leinwand, die sich geräuschlos aus der Vertäfelung der Decke herabsenkte. *Was, womit und wodurch,* durchzuckte es mich. Natürlich! Ich hatte nur nach dem Was gefragt und mich im Kreis bewegt. Ich fühlte, dass ich kurz vor meinem Ziel stand. Begierig lauschte ich weiter. Marc McKane fuhr fort: ›Das Leben hat es gut mit uns gemeint und wir wollten etwas zurückgeben: ein System, das es jedem Menschen erlaubt, noch wirkungsvoller zu führen. Denn wir wissen: Die Fähigkeit zu führen ist der Unterschied zwischen Erfolg und Versagen, es ist der Unterschied zwischen einem erfüllten Leben und frustrierender Mittelmäßigkeit. Wir nahmen die Aufgabe an, wir beantworteten die drei Fragen und wir fassten unsere Erkenntnisse in einem System zusammen. Kommt Ihnen das bekannt vor?‹

Ich musste lächeln – und ob mir das bekannt vorkam. Bernd Weiss nickte mir zu. Marc McKane redete weiter: ›Wir haben die vorhandene Literatur ausgewertet und um unsere Erfahrung ergänzt. Wir haben uns getroffen und diskutiert – oft viele Tage und Nächte lang. Nachdem wir erste Ergebnisse gefunden hatten, haben wir noch so lange weiter gefeilt, bis wir zufrieden waren. Jetzt endlich haben wir die drei Fragen klar beantwortet, und uns ist deutlich geworden, dass in der dritten Frage, der Frage nach dem *Wodurch,* immer auch die Sinnfrage enthalten ist, das *Warum*. Auf der Grundlage der Antworten haben wir das System geschaffen, mit dem jeder ein Leader werden kann.‹

Marc McKane lehnte sich zurück und fragte mich nach meiner Meinung. Ich stand unter Strom. ›Natürlich‹, sagte ich, ›man darf nicht nur die Aufgaben formulieren. Man muss auch zeigen, welche Hilfsmittel zur Verfügung stehen, um diese Aufgaben zu erfüllen. Dass ich darauf nicht gekommen bin … Und die unveränderlichen Prinzipien auszuformulieren als Fundament für jeden langfristigen Erfolg, das ist genial.‹ ›Warum ist das so wichtig? Was ist daran anders als der Personenkult, den so viele betreiben?‹, hakte Marc McKane nach. Ich ließ mich nicht beirren, denn ich hatte es endlich verstanden. Endlich hatte ich es. Ich hätte laut jubeln können, aber ich beherrschte mich und antwortete:

›Durch die Orientierung an allgemein gültigen Prinzipien entsteht eine Erlernbarkeit losgelöst von Personen.‹

Das war so einfach, aber gleichzeitig genial. Diese simple Erkenntnis eröffnete jedem Menschen die Möglichkeit, ein Leader zu sein. Und dann brach es doch aus mir raus: ›Ich könnte schreien vor Freude.‹

Marc McKane nickte. Er freute sich seinerseits ganz offensichtlich über die Antwort. Die anderen blickten einander an, fast schien es, als seien sie stolz auf mich. Bernd ergänzte: ›Werte und Prinzipien sind nicht dasselbe. Das muss man verstehen. Werte enthalten eine subjektive Komponente. Prinzipien dagegen sind *allgemein gültig*.‹ Dann sagte er eindringlich:

›Wer Personen nachahmt, versucht deren Werte zu übernehmen. Wenn verschiedene Mitarbeiter unterschiedlichen Vorbildern folgen, entsteht Chaos, weil die Werte zu unterschiedlich gelebt werden.

Prinzipien dagegen sind unveränderlich, weil sie unabhängig von Personen sind. Sie sagen: So und nicht anders läuft es in unserer Firma.‹

Chris Wood ergriff das Wort: ›Wir wissen, dass Sie an dieser Stelle lange nicht weitergekommen sind. Uns ging es ebenso und vielen Menschen vor uns auch. Sie haben zu Recht erkannt, dass es nicht so effektiv ist zu fragen, wie ein Leader *sein* soll. Wer wissen will, wie ein Leader sein soll, landet bei der Persönlichkeit. Das führt dann zu einem Starkult, den wir heute vielfach finden. Das ist unbefriedigend, weil diese Verherrlichung von Personen an die Stelle eines duplizierbaren Führungsmodells tritt. Menschen wollen keine Kopie eines anderen Menschen sein. Sie wollen ihre Individualität ausleben. Deswegen suchen sie nach einer praxiserprobten Methodik und Didaktik, die ihnen genau dabei hilft. Da es solche Angebote sehr selten gibt, entstehen mitunter Frustration und Schulungsmüdigkeit. Dann finden sich die Menschen resigniert damit ab, nicht wie dieser Superboss zu sein. Sie glauben, nicht lernen zu können, wie man führt. Übrigens werden nur in der Führung bestimmte charakterliche Eigenschaften gefordert. In anderen Berufen ist das nicht der Fall. Ein Läufer muss schnell sein, ein Maurer muss gut mauern, ein Maler faszinierende Bilder malen, ein Anwalt Prozesse gewinnen … Von einem Leader erwarten viele Übermenschliches.‹

Chris Wood wandte sich direkt an mich. ›Sie haben richtig erkannt, dass es effektiver ist zu fragen, was ein Leader *tut*.‹ Bernd Weiss nahm den Ball auf: ›Diese Erkenntnis reichte Ihnen nicht – Sie waren unzufrieden. Sie spürten, dass Menschen einen Sinn und eine Orientierung in ihrer Arbeit suchen. Einerseits wollten Sie das *Sein* vom *Tun* trennen. Sie haben gespürt, dass niemand so sein kann wie andere Leader, dass aber die meisten lernen können, so zu handeln. Andererseits wollten Sie zu Recht die Frage nach Sinn und Orientierung beantworten, ohne deswegen dazu aufzurufen, bestimmte Charaktereigenschaften zu übernehmen. Jetzt kennen Sie die Lösung: unveränderliche Erfolgsprinzipien, an denen sich jeder orientieren kann. Hier geht es also nicht darum, gewisse Eigenschaften zu *haben*, sondern auf gewisse Weise zu *handeln*. Und das ist erlernbar und ganz einfach. Es gibt nur *fünf Aufgaben*, die jeder Leader erfüllen muss, ihm stehen dafür *fünf Hilfsmittel* zur Verfügung, und es gibt *fünf allgemein gültige Prinzipien*, die das Fundament für jeden langfristigen Erfolg bilden.‹

Es entstand eine längere Pause. Ich fühlte ein tiefes Glücksgefühl in mir, ich war dem Roundtable unendlich dankbar. Ich spürte, dass diese Leader mir gleich ihr System vorstellen würden. Doch ich hatte keine Ahnung, was noch kommen sollte.«

Louis Berg unterbrach seine Erzählung und ließ seinen Blick über die Führungsriege der Gruber AG schweifen. Er sah, dass sie Zeit benötigten, um die Informationen zu verarbeiten. »Ich schlage vor, wir unterbrechen an dieser Stelle. Heute Abend bitte ich Sie zu überlegen, warum diese Lösung so genial ist. Vielleicht haben Sie schon eine Idee, welche Aufgaben, Hilfsmittel und Prinzipien gemeint sein könnten. Morgen früh sprechen wir darüber als Erstes. Danach erzähle ich Ihnen meine Geschichte weiter.«

Unterscheidungen aus dem letzten Kapitel:

1. Psychologische Sicherheit
2. Person / System
3. Aufgaben – Hilfsmittel – Prinzipien
4. Was – Womit – Warum
5. Werte / Prinzipien
6. Sein / Tun

In diesem Video aus der Online Lernwelt beantwortet Boris Grundl folgende Frage:

Was macht Führen mit Leading Simple so erfolgreich?

https://www.grundl-institut.de/roundtable

Für mehr Inspirationen folgen Sie Boris Grundl auf:

4. Drei mal fünf

Es erschien ihnen schon fast wie eine Gewohnheit, dass sie sich am nächsten Morgen pünktlich um Viertel vor neun trafen. Sie begrüßten Louis Berg herzlich. Inzwischen kam er ihnen wie ein alter Bekannter vor. Und noch etwas war geschehen: Zum ersten Mal seit langer Zeit hatten sie sich darauf gefreut, in die Firma zu fahren.

Die erste Frage Bergs hatten sie erwartet: »Fangen wir mit dem *Was* an. Warum müssen Leader genau wissen, was von ihnen erwartet wird?« Herr Wehrlich antwortete:

> **»Wer seine Aufgaben nicht kennt, weiß nicht, was zu tun ist. Er kann sie damit auch nicht erfüllen. Das frustriert.«**

Louis Berg nickte anerkennend und Herr Wehrlich fuhr fort: »Ich habe zwar immer gewusst, wie unsere Logistik auszusehen hat, aber meine Führungsaufgaben sind mir nicht klar gewesen. So habe ich meine Mitarbeitenden lediglich zu fachlichen Aufgaben angehalten – auch meine Stellvertreter. Dadurch wissen sie nicht, wie sie andere führen sollen.«

Alfred Specht ergänzte: »Wenn Aufgaben der leitenden Mitarbeitenden nicht klar definiert sind, gibt es keinen Maßstab. Ich kann dann nicht kontrollieren, ob die Aufgaben erfüllt werden. Versuche ich trotzdem, die Leistungen zu beurteilen, wird das Ganze ziemlich willkürlich.«

»In der Folge weiß dann niemand so richtig, was von ihm erwartet wird«, beschrieb Manuela Herzlich, die Personalvorständin, die Situation.

»Und wer derart verunsichert ist, der kann niemals leisten, wozu er eigentlich in der Lage ist. Frustration breitet sich aus. Das Betriebsklima ist schlecht. Wer kann, kündigt.«

Herr Zucker sagte bedächtig: »Die Aufgaben präzise und genau zu beschreiben ist die Grundlage für gelungene Kommunikation. Sind Aufgaben, ja sogar bestimmte Worte, oder in Ihrer Sprache Unterscheidungen, klar definiert, weiß jeder genau, wovon der andere spricht. Nur so können die Aufgaben dann zu der Basisgröße werden, die jeder kennt und die von allen akzeptiert wird. Ich glaube sogar, dass ohne Klarheit über die Aufgaben eine saubere Kommunikation gar nicht stattfinden kann. Vielleicht ist das sogar der Grund, warum so viele Menschen aneinander vorbeireden. Weil sie so unterschiedliche Vorstellungen von Worten und Begriffen haben.«

Louis Berg gratulierte ihnen zu ihren Erkenntnissen. Sie spürten, dass er sich von Herzen über ihre Antworten freute.

Er schrieb an das Flipchart:

Durch klare Aufgaben wird ...

1. **Arbeit für alle nachvollziehbar messbar,**
2. **akzeptierte Kontrolle machbar,**
3. **Sicherheit und Orientierung gegeben,**
4. **eine klare Kommunikation durch ein gemeinsames Verständnis ermöglicht,**
5. **definiert, wie Führung »indirekt« angewendet wird.**

»Kommen wir zum *Womit*, den Hilfsmitteln. Ein Schreiner kennt seine Werkzeuge und gebraucht sie täglich: Säge, Hammer, Zange ..., ein Mechaniker seine Schraubenschlüssel, ein Zahnarzt seine Bohrer ... Es ist erstaunlich, dass bisher niemand genau festgelegt hat, welches die wirkungsvollsten Hilfsmittel für Leader sind. Wie ich schon sagte, gibt es fünf wichtige Hilfsmittel für Leader. Wenn sie nicht ständig benutzt werden, kann es kein Wachstum geben. Wir müssen sie nicht nur *kennen*, sondern auch lernen, sie einzusetzen. Also den Umgang damit *können*. Es ist einfach unglaublich, wie viele Menschen bestimmte Dinge kennen und sie nicht können. Hier ist Übung angesagt.«

»Ich bin gespannt, welche fünf Hilfsmittel das sind«, warf Frau Salm ein. »Wann erfahren wir das?«

Gottfried Zucker preschte vor: »Ich glaube, Strafe ist ein wichtiges Hilfsmittel. Es ist wie bei Kindern. Ohne Strafe kann man sie nicht erziehen.«

Inge Salm war sofort auf 180: »Nur gut, dass Sie keine Kinder haben. Die würden mir leidtun. Strafe, dass ich nicht lache ...«

Herr Specht überlegte: »Also, ich glaube, ein gutes Computerprogramm wäre ein wichtiges Hilfsmittel. Damit könnte ich manches leichter abgleichen.« Frau Herzlich widersprach: »Alfred, hier geht es doch darum, wirkungsvoller zu führen, und nicht um deine Sachaufgaben.«

Louis Berg lächelte: »Ich bitte um etwas Geduld. Der Roundtable hat mir die fünf Aufgaben, Hilfsmittel und Prinzipien erstklassig präsentiert. Ich werde sie Ihnen auf die gleiche Weise vorstellen. Sie werden Ihnen sofort einleuchten. Aber lassen Sie uns zunächst über das *Wodurch* sprechen, die Prinzipien. Warum muss jeder und jede Angestellte in einer Firma deren Prinzipien genau kennen? Warum reicht es nicht, wenn jeder seine Aufgaben und Hilfsmittel kennt?«

»Ich habe lange über die Frage nachgedacht und keine befriedigende Antwort gefunden«, gestand Alfred Specht. »Dann habe ich *Prinzipien* durch *mentale Haltung* ersetzt. Eine Art *geistige Trägerwelle*. Oder wie Sie sagen: ein unterstützendes *Bewusstsein*. Dadurch ist es mir klar geworden: Wir benötigen die passende mentale Haltung, *die uns ermöglicht*, die Aufgaben zu erfüllen und die Hilfsmittel einzusetzen.«

Herr Wehrlich sagte: »Auch ich habe lange darüber nachgedacht. Dann habe ich zusammen mit meiner Frau einen Satz formuliert ... Ich habe ihn aufgeschrieben ... Warten Sie ...« Umständlich zog er ein Stück Papier hervor. Dann las er: »Die Prinzipien bestimmen eine allgemein gültige mentale Haltung, auf der alles im Unternehmen basiert. Sie bilden gewissermaßen das Herz der Firma, ihr Gewissen und ihre Orientierung.«

»Eine gelungene Formulierung«, fand Herr Berg. »Die Prinzipien sind also klar ausformulierte Regeln, die einer Firma wichtig sind, sie sind ihr Gewissen und geben Orientierung. Sie bilden damit die Unternehmenskultur. Sie bestimmen den Geist, der in der Firma herrscht. Und zwar unabhängig von Personen! Nur wer die Prinzipien seines Unternehmens kennt, kann beurteilen, ob er im Sinn der Firma seine Aufgaben erfüllt und seine Hilfsmittel einsetzt oder nicht.

Aber ein Aspekt fehlt noch. Haben Sie eine Vorstellung, was das sein könnte?« Frau Salm meldete sich: »Herr Berg, Sie hatten gesagt, dass es bis jetzt keine überzeugend klare Methodik und Didaktik im Erlernen und Umsetzen von Prinzipien gibt. Das trifft für mich des Pudels Kern. Es wird viel von Werten und Prinzipien geredet, aber es gibt viel zu wenig Klarheit in der Umsetzung und Anwendung. Zig Seminare und Bücher beschreiben einen Seinszustand, aber niemand überzeugend, wie durch ein bestimmtes Denken und Tun die Prinzipien umgesetzt werden. Wie eine Kultur entwickelt wird, und zwar genau. Wer keine Zuversicht in eine Erlernbarkeit von Prinzipien hat, dem fällt es natürlich schwer, sich damit zu identifizieren. Die Herausforderung besteht darin, die Prinzipien so anzulegen, dass es den Menschen leichtfällt, sich darin wiederzuerkennen. Sie müssen den Raum für eine leichte Identifikation geben. Deswegen können es auch keine Werte sein. Nur wenn eine Firma für Prinzipien steht, mit denen sich Mitarbeitende leicht identifizieren können, dann lässt sie das jeden Abend zufrieden nach Hause gehen. Sie sind stolz auf sich und auf die Menschen in der Firma. Und sie sind stolz, zu dieser Firma zu gehören.«

Louis Berg klatschte zustimmend in die Hände. »Genau das ist es. Sie haben es auf den Punkt gebracht. Ich will Ihnen ein großes Kompliment machen. Es macht Spaß zu sehen, wie ernst und tief Sie diese Fragen durchdacht haben. Wie selbstmotiviert Sie sind. Sie scheuen keine geistige Anstrengung für einen Erkenntnisgewinn. Es ist ein Vergnügen, mit Ihnen zu arbeiten.«

Die Vorstandsmitglieder blickten sich verlegen an. Man konnte sehen, wie gut ihnen das Lob tat.

Louis Berg ließ seine Worte einen Moment wirken, dann sagte

er: »Ich habe die Vorteile klarer Führungsaufgaben, -hilfsmittel und -prinzipien auf einem Kärtchen für Sie zusammengefasst. Hier können Sie alles noch einmal im Überblick sehen.« Er gab jedem ein Kärtchen.

Die Vorteile klarer Führungsaufgaben, -hilfsmittel und -prinzipien:	
Aufgaben WAS ist zu tun?	• machen Arbeit nachvollziehbar messbar • ermöglichen »positive« Kontrolle • geben Sicherheit und Orientierung • ermöglichen klare Kommunikation durch ein gemeinsames Verständnis • definieren, wie Führung indirekt angewendet wird
Hilfsmittel WOMIT ist es zu tun?	• helfen, die Aufgaben zu erfüllen • zeigen, wie wirkungsvolle Kommunikation geht • definieren, wie Menschen entwickelt werden • sparen Zeit und Energie • definieren, wie Führung direkt angewendet wird
Prinzipien WODURCH wird es getan?	• erschaffen eine zukunftsfähige Firmenkultur • zeigen genau, wie das geht • machen mentale Haltungen bewusst und trainierbar • bilden das Herz der Firma, ihr Gewissen • wirken unabhängig von Personen • geben der Arbeit Sinn • ermöglichen Identifikation und Stolz

Die fünf bedankten sich für die Kärtchen und Louis Berg meinte: »Es ist nun Zeit, dass Sie den Rest meiner Geschichte hören. Herr Zucker, wären Sie so nett, mir mit dem Kaffee zu helfen? Die Kanne ist zu schwer für meine Hände.« Der Finanzvorstand schenkte ihm etwas verwirrt eine Tasse Kaffee ein. Er hatte schon fast vergessen, wie schwer die Lähmung auch in seinen Fingern war.

»Sie erinnern sich: Ich war überglücklich über die Antworten, die mir die Leader des Roundtable gegeben hatten. Ich wusste, dass ich nun bald eine exakte Bestimmung der Aufgaben, Hilfsmittel und Prinzipien erhalten würde. Allerdings war ich überhaupt nicht auf das vorbereitet, was nun kam. Sue Willards, eine Psychologin des Roundtable, erklärte: ›Wir hatten also das System geschaffen, das es jedem Menschen ermöglicht, wirkungsvoll zu führen. Doch das war nur der Anfang. Danach begann unsere Suche nach geeigneten Multiplikatoren. Wir hatten uns von Anfang an darauf verständigt, dass die Verbreitung unserer Konzeption niemals nur an einer Person hängen dürfte, und nun fragten wir uns: Wer ist wirklich dafür geeignet? Wir haben die Messlatte bewusst hochgelegt und vier Kriterien festgelegt.‹

Sue Willards erläuterte diese Kriterien: ›Erstens sollten es Menschen mit *Erfahrung in erfolgreicher Führung* sein, keine Theoretiker, die nur über Führung sprechen, viel *kennen* und wenig davon *können*, weil sie selbst nie geführt haben. Das reduziert die infrage kommenden Personen enorm. Denn es gibt inzwischen so viele selbst ernannte Experten, die genau das lehren, was sie erst einmal lernen sollten. Die Folge ist diese Flut von praxisfremden Managementmodellen, die nur für Verwirrung sorgen.

Zweitens sollten diese Personen verinnerlicht haben, dass *nicht Kraft und Kampf* die Mittel für die Führung der Zukunft sind. Zu lange‹, sagte Sue Willards, ›hat Kampf das Zusammenleben der Menschheit bestimmt.

Drittens‹, fuhr sie fort, ›suchen wir Menschen, die sich von selbst der gleichen *Aufgabe schon verschrieben* haben wie wir. Persönlichkeiten, die sich um Antworten bemühen, und zwar um Antworten, von denen sie wissen, dass sie Menschen und Organisationen auf der ganzen Welt verändern können.

Und viertens war uns wichtig, dass diese Personen *nicht versuchen, ihre Charaktereigenschaften zum System zu erklären,* sondern bereit sind, sich in den Dienst der Aufgabe zu stellen. Über sich selbst hinauszudenken. Sie müssen verstehen, dass das System wichtiger ist als ein weiterer Personenkult.‹

An diesem Punkt hielt Sue Willards inne, während die anderen Leader bedächtig nickten. Offensichtlich hatten sie sich lange mit diesen vier Kriterien auseinandergesetzt. Eine Pause entstand. Schließlich ergriff Marc McKane das Wort: ›Wie gesagt, wir waren nicht bereit, Kompromisse einzugehen. Wir haben es uns nicht leichtgemacht. Aber wir sind fündig geworden.‹ Gespannt auf diese Menschen, sah ich mich um. Niemand war zu uns in den Saal gekommen. Alle schwiegen und schauten mich an. Langsam begriff ich: Sie schauten *mich* an.

Das konnte nicht sein. Da verkündete Marc McKane feierlich: ›Sie, Louis Berg, sind eine der Personen, auf die unsere Wahl gefallen ist. Wir würden uns freuen, wenn *Sie* mithelfen würden, dieses System bekannt zu machen. Zeigen Sie den Menschen, wie einfach Führung sein kann.‹«

Louis Berg schwieg. Dann räusperte er sich: »Es war, als hätte mich ein schwerer Schlag getroffen. Ich fühlte mich, als ob ich wieder in diesen See gesprungen wäre. Ein Blitz durchzuckte mich. Ich konnte nichts sagen, Bildfetzen, Gedanken und Gefühle schossen rasend schnell durch meinen Kopf: der Felsen, der See, der Unfall, das Krankenhaus, meine Verzweiflung, die Reha, Christine, der Hügel, die Frage ›Wozu ist dieser Unfall gut?‹, Sozialhilfe, Rollstühle verkaufen, Verkaufsleiter, Rollstuhl-Rugby, die Olympiade, die Deutschlandhymne, TV-Auftritte, Vertriebschef, meine Tochter Vivien, die verzweifelte Suche … War mein Unfall tatsächlich die Brücke zu dieser Aufgabe? Ich vergaß alles um mich herum. Ich befand mich auf meiner wichtigsten Reise, der Reise nach innen – alles Äußere verschwand. Plötzlich erfüllte mich eine große Dankbarkeit: Ich war sogar dankbar für meinen Unfall. Natürlich hätte ich mir lieber nur den kleinen Finger gebrochen, aber dann wäre ich nie der Louis Berg geworden, der ich heute bin, mit all meinen Schwächen und Chancen. Mein Weg hätte mich niemals an diesen Punkt gebracht. Niemals. Ich wollte nicht mehr tauschen – mit keinem anderen Schicksal. Wenn der Preis für das, was ich jetzt tun darf, der Unfall war, so würde ich noch einmal springen. Es ist gut so, wie es gekommen ist. Ich war von ganzem Herzen dankbar und mit meinem Schicksal versöhnt. Ich stand noch einmal auf dem Hügel, nur, dass ich ihn nun nie mehr verlassen würde.«

Der Raum füllte sich mit Stille. Alfred Specht flüsterte fragend: »Sie wollen mir doch nicht wirklich weismachen, dass Sie noch einmal springen würden? Das nehme ich Ihnen nicht ab!«

Louis Berg nickte verständnisvoll: »Wie bereits erwähnt, möchte ich Sie von nichts überzeugen. Es wäre nur schön, wenn Sie zumindest meine Sicht auf die Dinge verstehen, ohne einverstanden sein zu müssen. Aber ohne sie zu verurteilen. *Verstehen heißt nicht einverstanden sein*. Es ist eine kraftvolle mentale Haltung. Es ist eine gelebte Form von Respekt. Wer gelernt hat, mit solch einem Bewusstsein zu *verstehen,* der kann Respekt leben, zum Beispiel in einem Unternehmen. Deswegen habe ich genau darüber ein Buch mit diesem Titel geschrieben. Und losgelöst von mir und meiner Geschichte würde ich mir das auch in Ihrem Umgang miteinander wünschen. Bitte verstehen Sie die anderen, ohne einverstanden sein zu müssen. Schauen Sie von deren Blickwinkel auf ein Thema. Werden Sie geistig noch flexibler. Urteilen Sie weniger. Überlegen Sie, was Sie von den anderen lernen können. Und nicht, wo Sie den anderen überlegen sind, um sich selbst zu bestätigen.«

Alfred Specht antwortete nachdenklich: »War das gerade distanzierte Nähe in der Praxis angewandt, lieber Herr Berg? Das hat gesessen! Noch besser. Es ergibt für mich Sinn. Und ich werde mich bemühen. Versprochen.«

»Ich freue mich über Ihre Erkenntnis, lieber Herr Specht. Wem wird immer bewusster, dass ich unter Mithilfe der Unterscheidungen polarisiere und Sie damit provozieren will? Damit Sie eine neue, bewusstere Sichtweise einnehmen können?« Alle Anwesenden hoben die Hand. »Ich erzähle Ihnen übrigens die Geschichte über meinen Sprung als Herausforderung für Sie zum Nachdenken. Vielleicht fragen Sie sich, ob Sie schon etwas in Ihrem Leben gefunden haben, für das Sie springen würden.«

Wieder schwieg Louis Berg. Dieses Mal eine gefühlte Ewigkeit, bevor er weitererzählte. »Zurück zum Roundtable. Nach einer Weile kehrte ich zurück in die Welt um mich herum. Ich habe keine Ahnung, wie lange ich so dasaß. Es war für die anderen offensichtlich, dass ich gerührt war. Aber ich schämte mich nicht. Ich war mit allen Menschen versöhnt – selbst mit den Ärzten, die meine erste Operation vermasselt hatten. Ich war versöhnt mit mir und meinem Schicksal. Es war ein langer Weg gewesen ... Ich schaute mich um. Jeder blickte mich offen an, diese Persönlichkeiten verstanden mich und mein Ringen um Erkenntnis. Sie hatten offensichtlich ein gutes Gespür für das, was in mir vorging. Niemand wirkte mitleidig, ich sah nur Respekt und Freude in ihren Augen.

Zweierlei war geschehen: Erstens fühlte ich mich als ein Mitglied des Roundtable of Leaders. Weil sie mir diese Mission zutrauten. Sie glaubten an mich. Das wäre noch an jenem Morgen undenkbar gewesen. Doch jetzt war es so, als wäre es das Natürlichste auf der Welt.

Und zweitens wusste ich, dass ich die Aufgabe innerlich *bereits angenommen hatte*. Ich wusste, ich *muss, nein, ich will* es tun. Vor meiner Reise nach innen wollte ich noch einwenden: ›Aber ich sitze im Rollstuhl, ich kann das nicht.‹ Jetzt hingegen wusste ich: Gerade durch meinen Unfall war ich auf diese Aufgabe vorbereitet worden. Ich teilte der Runde meinen Entschluss mit – der niemanden zu überraschen schien. Dann übergab mir Marc McKane feierlich einen großen Umschlag. Darauf stand geschrieben:

Leading Simple

3 x 5

Es war klar, was ich in meinen Händen hielt: drei mal fünf Module, die Beschreibungen der fünf Aufgaben, der fünf Hilfsmittel und der fünf Prinzipien. Der Umschlag schien in meinen Händen zu brennen, enthielt er doch das vollständige System für jede wirkungsvolle Führung.

›Es ist nun Ihre Aufgabe‹, sagte Marc McKane, ›den Inhalt dieses Umschlags so vielen Menschen wie möglich zukommen zu lassen. Durchdenken Sie die Module. Wenden Sie diese konsequent an.

Schleifen und feilen Sie an der Didaktik und Methodik. Überlegen Sie sich, wie Sie möglichst vielen Menschen dieses Wissen, dieses Wirken zugänglich machen können. Nutzen Sie dabei auch die unerschöpflichen Möglichkeiten der weltweiten Vernetzung durch das Internet. Lassen Sie niemals nach in Ihren Anstrengungen. Vergessen Sie nie:

Die Fähigkeit zu führen ist der Unterschied zwischen Erfolg und Scheitern, Wachstum oder Stillstand. Es ist der Unterschied zwischen einem erfüllten Leben und frustrierender Mittelmäßigkeit.‹

Ich wurde offiziell in den Kreis der Roundtable-Leader aufgenommen, und dann hatte jeder Verständnis dafür, dass ich mich zurückziehen wollte, um mich endlich dem Inhalt des Umschlags zu widmen.«

Louis Berg lehnte sich zurück. Nun kannte die Führungscrew der Gruber AG seine Geschichte. Er sah in ihren Gesichtern, dass sie ihn und seine Motive verstanden. Und sie brannten darauf, nun endlich selbst zu erfahren, was sich in den Umschlägen verbarg.

Berg fuhr fort: »In dem Umschlag fand ich einen Brief und drei Umschläge, die jeweils fünf noch kleinere Umschläge enthielten und beschriftet waren mit ›Aufgaben‹, ›Hilfsmittel‹ und ›Prinzipien‹.

Lassen Sie mich bitte an dieser Stelle kurz erläutern, was seit diesem Moment bis heute alles passiert ist. Was dadurch alles möglich wurde. Diese Module sind nun seit über fünfzehn Jahren in meinem Besitz. Ich habe mit diesen Inhalten schon in über dreihundert Firmen gearbeitet und deren Methodik und Didaktik permanent weiterentwickelt. Aus einem Soloberater von damals ist inzwischen ein Leadership-Institut mit einem sehr engagierten Team geworden, welches Verantwortungsbewusstsein systematisch erforscht und messbar gemacht hat. Die Erkenntnisse werden regelmäßig einer breiten Öffentlichkeit zugänglich gemacht. Alle Inhalte des Instituts greifen ineinander und sind digital, analog und in Präsenz buchbar. Auch die fünfzehn Module sind durch valide Messverfahren abbildbar. Und durch ein wirkungsvolles Franchisekonzept können jetzt auch große internationale Organisationen die Inhalte problemlos intern ausrollen und umsetzen. Wie Sie wissen, bin ich verheiratet und habe zwei erwachsene Kinder. Seit einigen Jahren lebe ich in finanzieller Freiheit, mit Wohnsitzen in Spanien und am Rande des Schwarzwalds. Ich hoffe, Sie verstehen diese Aussage nicht als Beleg meiner Arroganz. Ich möchte Ihnen etwas bewusst machen: All diese Ergebnisse sind von diesem Moment, von diesem Startpunkt aus ermöglicht worden. Das alles habe ich diesen Modulen zu verdanken. Darf ich Ihnen kurz den Markenkern und unsere Mission vorstellen?« Anerkennendes Nicken machte die Runde.

»Dann wissen Sie, mit wem Sie es zu tun haben. Denn bis jetzt steht auch in Ihrer Wahrnehmung meine Persönlichkeit eher noch im Vordergrund. Bis jetzt nehmen Sie vor allem mich wahr, die Person Louis Berg. Das würde ich gerne ändern. Denn wie Sie durch den Roundtable bereits erfahren haben, geht es um eine Idee, die weit größer ist als ich selbst. Alle Mitarbeitenden im Institut dienen dieser Idee. Das ist unser Markenkern. Dieser Kern, diese Vision wirkt nach innen. Sie dient zur Identifikation aller Mitarbeitenden.« Ein Bild erschien auf dem Beamer:

Vision / Markenkern:

Wir befähigen Menschen – die mental wachsen wollen – dazu, dass sie die Besten werden, die sie sein können.

»Diese Vision hilft uns allen bei der täglichen Arbeit sehr. Denn wir wollen nur mit Menschen arbeiten, die wirklich wachsen wollen. Unsere Messungen haben herausgefunden, dass nur zehn Prozent wirklich bereit sind, den Preis der mentalen Anstrengung für ihr geistiges Wachstum zu bezahlen. Neunzig Prozent geben zwar den Wunsch nach Wachstum vor, suchen hingegen eigentlich nur Bestätigung und gute Gefühle. Bitte durchdenken Sie diese These einmal in Ruhe, ohne reflexartig darüber zu urteilen.«

»Da ist leider etwas dran«, sagte ein konzentrierter Alfred Specht und Manuela Herzlich verzog ungläubig ihr Gesicht.

Louis Berg fuhr fort: »Ihr Wunsch nach Wachstum steht für mich außer Frage. Das war das Erste, an dem ich mich bei Ihnen orientiert habe. Mit Harald hatte ich im Vorfeld eine Vereinbarung getroffen. Falls ich an Ihrer Ernsthaftigkeit zweifle, darf ich das Projekt sofort beenden. Vielleicht spüren Sie jetzt, wie wichtig so ein Markenkern für die persönliche Orientierung ist.«

Eberhard Wehrlich schaute ungläubig: »Heißt das, Sie wären jetzt nicht mehr da, falls wir nicht bereit wären, uns selbst infrage zu stellen?«

»Sie haben es vollkommen erfasst. Ihr Unternehmen ist der Auftraggeber, also geht es zunächst natürlich um Ihr Vertrauen in uns. Doch es geht auch um unser Vertrauen in Ihre Ernsthaftigkeit. Viele Menschen im Business sehen primär den Einfluss des Geldes und denken: Sei froh, dass du mit uns arbeiten darfst. Wir bezahlen. Sei dankbar. Und dem ist ja auch so. Wir sind darüber sehr froh und dankbar. Doch aufgrund unserer Ergebnisse in der Vergangenheit wissen wir, welche Voraussetzungen es braucht, um wirklich Transformation auszulösen. Werden diese nicht erfüllt, lehnen wir dankbar ab.«

»Ja, Sie haben recht, lieber Herr Berg. So eine Klarheit im Markenkern und der Zielgruppe hilft enorm. Das ist ja mein Tagesgeschäft«, sagte die Marketingvorständin Frau Salm. »Aus meiner Erfahrung weiß ich, dass es ganz schön viel Gehirnschmalz und Arbeit braucht, um dahin zu kommen, wo Sie jetzt sind. Glückwunsch!«

»Danke für Ihre Anerkennung, liebe Frau Salm. Und danke dafür, dass Sie den Respekt vor der Arbeit und Wirkung haben und das Ganze nicht vorschnell als Arroganz auslegen.«

Die beiden lächelten sich wissend an.

Louis Berg erklärte weiter: »Die Identifikation nach innen ist etwas ganz anderes als die Identifikation nach außen, in den Markt, zum Kunden. Denn das verwechseln viele. Das ist die Mission. Die Mission wirkt nach außen in den Markt. Sie beschreibt, wie wir von unseren Kunden gesehen werden wollen. Warum unsere Kunden sich mit uns identifizieren, welchen Nutzen wir ihnen geben und warum sie uns treu sein sollen.« Auf der Leinwand erschien die nächste Folie:

Mission:

Wir erhöhen das Verantwortungsbewusstsein von Menschen durch eine klare Systematik. Die Führungskompetenz verbessert sich auf allen Ebenen und es entsteht eine zukunftsfähige Firmenkultur.

»So wollen wir von unseren Kunden gesehen werden. Und hoffentlich gelingt uns das auch genauso bei Ihnen. Das ist der Wunsch. Und dann geht es natürlich darum, genau das zu liefern. Konstant. Immer und immer wieder. So entsteht schließlich Vertrauen in unser Institut und unsere Marke.«

»Bis jetzt weist alles genau in diese Richtung», bestätigte Gottfried Zucker. »Doch mir war nicht bewusst, mit welcher Klarheit so etwas im Vorfeld durchdacht und geplant werden kann. Und genau darum geht es wahrscheinlich in dieser Systematik. Weit vorauszudenken und zu planen und dann entspannt mit den Herausforderungen der Gegenwart umzugehen. Mir wird immer mehr klar. Ich freue mich auf diese Reise.«

Mit einem Augenzwinkern quittierte Louis Berg diese Aussage: »Die Wirkung von Leading Simple ist erstaunlich, fast unglaublich. Natürlich habe ich auch Harald Gruber über dieses System informiert. Er war begeistert. Doch damals war die Zeit noch nicht reif. Ich freue mich, dass Sie jetzt bereit sind, dieses System kennenzulernen.«

Berg schlug vor, dass er zunächst den Brief vorlesen und anschließend mit der Führungscrew in die Module einsteigen würde. Die fünf stimmten zu, und Berg begann zu lesen:

Leader,

wenn Du diese Worte liest, ist Deine Entscheidung gefallen: In Deinem Herzen bist Du ein Leader. Du hast »Lust an Verantwortung«. Du hast »Lust auf Ergebnisse«. Du hast echte Freude an der Entwicklung anderer. Ja, es ist für Dich sogar eine Art Berufung. Du möchtest mentale Transformation lernen und lehren. Das bedeutet: Du bringst Erfolg, Erfüllung und mentale Gesundheit in Einklang. Den Preis der geistigen Anstrengung für geistiges Wachstum bezahlst Du gerne. Bedenke: Früher haben wir Menschen geführt. Heute führen wir das Bewusstsein von Menschen.

Mit »Leading Simple« erhältst Du das System, das Dir Sicherheit gibt. Du lernst die entscheidenden Aufgaben kennen, die jeder erfolgreiche Leader erfüllt, die Hilfsmittel, die Du benutzen solltest, und die Prinzipien, nach denen Du Dich richten musst. Wenn Du trainierst, alle fünfzehn Traktate meisterhaft umzusetzen, wirst Du sehr wirkungsvoll führen.

Du hast eine zweite Sicherheit: Leading Simple ist vollständig. Du musst nicht nach weiteren Führungsaufgaben, Hilfsmitteln und Prinzipien suchen. Durch sie würdest Du nicht effektiver arbeiten. Im Gegenteil, nur wenn Du Dich immer noch tiefer mit diesem System auseinandersetzt, wirst Du Dein Potenzial voll ausschöpfen.

Wenn Du die Module online durcharbeitest, wirst Du vieles wiedererkennen. Führung ist eine alte Kunst. Das Ziel von Führung war schon immer, dass es keine Führung mehr braucht. Dass Menschen völlig selbstfunktional auf höchstem Niveau miteinander arbeiten können und geplante Ergebnisse erreichen. Mit Spaß und Freude. Ohne Last und Schwere. Neu ist das System, aber es setzt sich aus teilweise uralten, bewährten Bausteinen zusammen. Zu allen Zeiten hat es Menschen gegeben, die erfolgreich geführt haben. Doch dieses System ermöglicht es zum ersten Mal, dass jeder lernt, der beste Leader zu werden, der sie oder er sein kann.

▸▸

Dir ist bewusst: Als Leader müssen wir uns zuerst auf das Tun konzentrieren. Das Tun wird Dich dann zum Sein führen. Wenn Du Dich verändern willst, musst Du Deine Gewohnheiten ändern. Das ist der einzige Weg.

Geh verantwortungsvoll mit dem Wissen um, das Du hier findest. Werde der beste Leader, der Du sein kannst. Und teile das System mit anderen. Leg ein feierliches Versprechen ab, bevor Du mit den Modulen arbeitest: Informiere zwei weitere Personen über dieses System. Ein Leader behält Wissen niemals für sich. Wer ein erfolgreiches System nur für sich selbst nutzt, gleicht einem Menschen, der auf einer Leiter nach oben klettert und sie dann hinter sich wegzieht, damit ihm niemand folgen kann. Das ist geistige Engstirnigkeit.

Wir wünschen Dir das erfüllte Leben eines Leaders. Du bist jetzt einer von uns.

Roundtable of Leaders

Louis Berg legte den Brief zur Seite. »Wir werden nun mit den Grundlagen von Leading Simple anfangen. Den fünf Prinzipien. Sie liefern das Bewusstsein, den geistigen Background und die Haltung für das System. Können Sie sich noch an die Vorteile erinnern, die Prinzipien klar festzulegen?«

Die ersten drei Vorteile fielen ihnen sofort ein. Für die restlichen vier mussten sie kurz auf das Kärtchen sehen, das Louis Berg ihnen gegeben hatte. Die Vorteile waren, dass Prinzipien:

- eine zukunftsfähige Firmenkultur erschaffen,
- genau zeigen, wie das geht,
- mentale Haltungen bewusst und trainierbar machen,
- das Herz des Unternehmens – sein Gewissen – bilden,
- unabhängig von Personen wirken,
- der Arbeit Sinn geben,
- Identifikation und Stolz ermöglichen.

Berg nickte und schlug vor: »Sie bekommen jetzt die fünf Module zu den Prinzipien. Sie sind eine Verdichtung und sollen ein grundlegendes Verständnis vermitteln. Die Lernintensität erhöhen Sie durch die Nutzung unserer Online-Lernwelt. Dort sind alle Module methodisch und didaktisch sauber aufbereitet. Jedes Modul besteht aus verschiedenen Lektionen, verschiedenen Lernschritten. Dort finden Sie ein Workbook, das Sie durch die Module führt. Auf Wunsch können Sie mithilfe eines psychometrischen Diagnoseverfahrens Ihre Lernfortschritte messen und abbilden sowie individuelle Entwicklungsempfehlungen erhalten.

Wir arbeiten ergänzend so intensiv auch online, damit jeder in seinem Tempo lernen kann. Wann Sie wollen und wo Sie wollen. Und so oft Sie wollen. Je nachdem, wie tief Sie die Inhalte durchdenken und anwenden möchten. Sie bekommen noch heute den Zugang zur Online-Akademie aus unserem Leadership-Institut zugeschickt.«

»Das hört sich alles sehr professionell an, lieber Herr Berg«, unterbrach Manuela Herzlich. »Mein Beruf bringt es mit sich, dass ich eine Menge Weiterbildungsanbieter kenne, aber so einen klaren, logischen Aufbau mit dieser Transferintensität habe ich bislang noch nirgends gesehen.«

»Das freut mich sehr, liebe Frau Herzlich. Ich hoffe, Sie spüren, wir nehmen das Ganze sehr ernst. Wer primär Wohlfühlseminare und Bestätigung sucht, der ist bei uns an der falschen Adresse. Wer wirkliches Interesse an geistigem Wachstum durch geistige Anstrengung hat, also echte Transformation erleben will, für den sind wir der beste Anbieter.« Die Vorstandsmitglieder nickten anerkennend in Richtung Louis Berg. »Ja, so eine klare Vorgehensweise haben wir bisher noch nicht erlebt«, sagte Alfred Specht, »ich bin gespannt, worauf wir uns noch einstellen dürfen.«

»Sie bekommen außerdem noch einen persönlichen Umsetzungsbegleiter mit auf den Weg, Ihren persönlichen Coach. So stellen wir sicher, dass Sie sich mit einem qualifizierten Leading-Simple-Berater über Ihre Anwendungserfolge in der Praxis austauschen können. Das ist sehr wichtig für den Transferprozess. Der Coach bespricht mit Ihnen auch die Umsetzungsberichte, die Ihre Transferergebnisse protokollieren.

Bitte arbeiten Sie die fünf Prinzipien durch und fangen Sie online mit ›Lust auf Verantwortung‹ an. Es ist von besonderer Bedeutung, die sechs Stufen des Verantwortungsbewusstseins kennenzulernen. Bitte wenden Sie diese zunächst einmal nur bei sich selbst an. Damit fängt der Leading-Simple-Transferprozess an. Mit Selbstführung. Mit Selbstverantwortung. Und konkret mit Ihrer Kompetenz zu Verantwortungsbewusstsein. Denn das ist das größte Problem bei den Prinzipien. Uns fallen sie bei anderen mehr auf als bei uns selbst.

Das funktioniert nur, wenn Sie beginnen, sich selbst beim Denken zu beobachten. Sodass Sie Ihre mentalen Zustände immer besser kennenlernen und merken, wie diese auf Ihre Wahrnehmungen und Handlungen Einfluss nehmen.

Benutzen Sie dazu die Ihnen jetzt schon bekannten Unterscheidungen. Fangen Sie am besten mit Interessenbereich und Einflussbereich an. *Weitere Basic-Unterscheidungen für diese Arbeit finden sich ebenfalls in der Online-Akademie*. Diese werden Ihnen dabei helfen, sich Ihrer unbewussten Inkompetenz bewusst zu werden. Dafür verlangt es sehr viel Mut und Entschlossenheit.

Und noch eine Bitte: Bitte gehen Sie verständnisvoll mit sich um. Denn es wird eine ganze Weile dauern, bis Sie sich Ihrer mentalen Haltungen wirklich bewusst werden. Das ist kein Knopf, auf den man einfach drücken kann, und fertig. Es ist ein Prozess, kein Werkzeug. Hier geht es um tiefe innere geistige Zustände. Um mentale Räume. Ein bestimmtes Bewusstsein ist ein Raum, den man immer mehr geistig in Besitz nehmen lernt.

Bitte fassen Sie gemeinsam die fünf Prinzipien und Ihre Erkenntnisse bis zu unserem nächsten Präsenztermin schriftlich zusammen. Und bitte stellen Sie mir dort Ihre Zusammenfassung vor. Falls es für Sie praktischer ist, können wir die Präsenztermine auch in digitaler Form durchführen. Das ist manchmal sehr angenehm, gerade wenn man viel unterwegs ist. Und aufgrund unserer Online-Erfahrung wissen wir, dass sich an der Umsetzungsqualität nichts ändert. Die Wirkung bleibt auf einem sehr hohen Niveau.

Überlegen Sie, wer außerhalb dieses Kreises die Module lesen und die Online-Module durcharbeiten sollte. Und dann tun Sie, was auch immer Sie für richtig halten. Folgen Sie der Stimme Ihres Herzens und handeln Sie. Ich schlage vor, wir treffen uns in genau zwei Wochen wieder – zu unserer üblichen Zeit.«

Louis Berg verteilte fünf Schriftsätze und verabschiedete sich. Seine Zuhörer fingen an zu lesen. Sie verließen den Konferenzraum erst spät in der Nacht. Es hatte begonnen …

Unterscheidungen aus dem letzten Kapitel:

1. Aufgaben – Hilfsmittel – Prinzipien
2. Mentale Haltung
3. Kennen / Können
4. Verstehen / Einverstanden sein
5. Respekt
6. Didaktik / Methodik
7. Vision / Mission
8. Bestätigung / Wachstum
9. Zukunftsfähige Firmenkultur

In diesem Video aus der Online Lernwelt beantwortet Boris Grundl folgende Fragen:

Was sind die Aufgaben im Leadership?
Womit werden sie umgesetzt?
Welche Prinzipien geben Orientierung?

https://www.grundl-institut.de/dreimalfuenf

Für mehr Inspirationen folgen Sie Boris Grundl auf:

TEIL II

Lust auf Verantwortung

5. Was ist Verantwortungsbewusstsein?

Es war Viertel vor neun und Louis Berg kam pünktlich in den Konferenzraum. »Guten Morgen. Wie ist es Ihnen ergangen mit den fünf Modulen, die Ihre Prinzipien als Leader beschreiben?« Er wurde herzlich begrüßt. Bereits seit Tagen fieberte die Gruber-Crew diesem Treffen entgegen.

Inge Salm konnte nicht stillsitzen, aufgeregt lief sie im Raum umher: »Die Module sind fabelhaft. Diese Online-Lernwelt wirft mich um: Lust auf Verantwortung, Verantwortung als Last, Schuldige suchen, Verdrängung. Das sind ja alles nur mentale Zustände. Ein bestimmtes Bewusstsein. Es geht schließlich darum, dass man seinen eigenen Anteil beim Thema Verantwortung erkennt. Dass man selbst einen Einfluss darauf hat. Dass man die Unterscheidung zwischen Interessenbereich und Einflussbereich erkennt. Sie können Minuten, Tage, Wochen, Monate, Jahre oder ein ganzes Leben darin verweilen. Unglaublich! So klar nachvollziehbar. Und Menschen verharren in einem bestimmten Bewusstsein und wollen dieses dann vor anderen verteidigen. Und sie suchen sich natürlich andere Menschen aus, die ihre Sicht auf die Dinge bestätigen. Dabei wäre es clever, es in sich zu transformieren. Mir ist so viel klar geworden. Ich möchte mein Leben nur noch in Stufe sechs leben …«

Die anderen stimmten ihr zu. Auch sie wussten, dass sich alles ändern würde, wenn sie diese fünf Prinzipien konsequent angehen würden.

Louis Berg freute sich über so viel Begeisterung: »Natürlich geht es darum, dass wir in den wichtigsten Bereichen unseres Lebens in Sachen Verantwortung auf Stufe sechs kommen. Erst dann haben wir es geistig voll in Besitz genommen. Denn das ist entscheidend: den eigenen Teil der Verantwortung an einer Situation oder an einem Vorhaben voll zu erkennen und anzunehmen – ob es um die Klärung von Missverständnissen geht, das Umsetzen von Projekten oder das Erreichen von Jahreszielen. Und natürlich geht es generell darum, wie ich mein Leben geistig in Besitz nehme. Dass ich mich auf das konzentriere, was ich beeinflussen kann. Und das loslasse, was mich zwar interessiert, sich jedoch meinem Einfluss entzieht. Diese mentale Herausforderung ist der Kern jeder menschlichen Entwicklung. Eine Lebensaufgabe. Nein, *die* Lebensaufgabe!«

Alfred Specht unterbrach die Einführung: »Sie wollen doch nicht etwa behaupten, dass wir immer diese Stufen durchlaufen. Ich nehme zwar die einzelnen Stufen durch das Training immer besser wahr, seltener jedoch die Sprünge von einer Stufe auf die nächste. Außerdem würde ich gerne schneller auf Stufe sechs kommen. Das kann man doch sicher abkürzen, oder nicht?«

Luis Berg schüttelte verständnisvoll den Kopf: »Die sechs Stufen sind einfach da. Sie sind völlig normal und alltäglich. Sie sind weder gut noch schlecht. Sie spiegeln einfach unseren inneren Zustand der Verarbeitung, das, womit sich unser Bewusstsein beschäftigt. Sie durchfließen uns von morgens bis abends, doch meistens unbewusst. Lassen Sie uns noch genauer über die sechs Stufen sprechen.

Ich werde Ihnen jetzt zwei Geschichten der Verarbeitung aus meinem Leben erzählen. Sie werden sehen, wie mein Verantwortungsbewusstsein gewachsen ist. Bitte suchen Sie nach einer eigenen Geschichte, während ich mit Ihnen meine Erlebnisse durchgehe. Beide sind wirklich passiert. Beide sind real. Einmal ist es eine einfache Geschichte. Da geht es nur um die Verarbeitung eines Kaffeeflecks. Und einmal ist es eine sehr herausfordernde Geschichte. Da geht es um die Verarbeitung meines Unfalls. In beiden Fällen geht es um die sechs mentalen Stufen der Verarbeitung von Verantwortung.« Er zeichnete an das Flipchart:

Wer seinen Teil der Verantwortung erkennt, der wächst

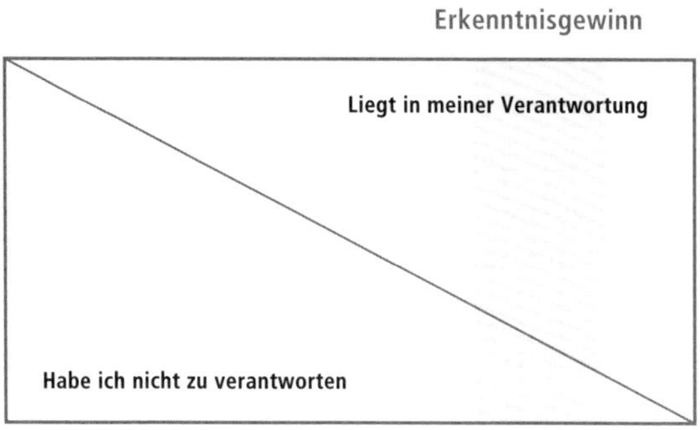

»Das ist der größte Denkfehler, den viele Menschen beim Thema Verantwortung machen: Entweder fühlen sie sich voll verantwortlich oder gar nicht. Und erst durch eine höhere Differenzierung werden Menschen bereit, sich intensiver mit Verantwortung auseinanderzusetzen. Deswegen hat Verantwortung auch so ein negatives Image. Null oder eins. Ganz oder gar nicht. Aber wer anders über Verantwortung denken lernt, der bekommt mehr Lust auf Verantwortung.«

Alfred Specht ergriff erstaunt das Wort: »Ach, deswegen ducken sich bei Verantwortung so viele erst einmal weg und suchen lieber nach Ausreden, warum etwas nicht klappen könnte. So langsam dämmert mir da etwas. Es wird klarer.«

»Genau, gut erkannt! Also geht es im Kern darum, immer genauer zu erkennen, was unser Teil der Verantwortung an einer Situation ist und was nicht. Was wir in Zukunft beeinflussen können und was nicht. Und das verstehen wir, indem wir nachdenken und uns klug infrage stellen. Das ist die Magie von Einflussbereich versus Interessenbereich. Beim Einflussbereich entdecken wir Antworten, die uns in eine tolle Zukunft führen. Das erkennen wir dann daran, dass unser Einflussbereich ständig wächst und unsere Zufriedenheit im Leben immer mehr zunimmt. Beim Interessenbereich, den wir nicht beeinflussen können, erwarten wir diese Antworten von außen und landen bei

Vorwürfen an andere. Das erkennen wir daran, dass wir auf der Stelle treten und immer frustrierter werden.

Zurück zu den beiden Geschichten. Natürlich gibt es zwischen einem Kaffeefleck und einem schweren Unfall in der Bedeutung einen großen Unterschied. Doch die mentalen Abläufe dahinter sind identisch. Und das ist das Interessante. Was ist Ihre reale Geschichte dazu? Es sollte eine Geschichte sein, die wahr ist. Und Sie sollten die Verarbeitung der Geschichte abgeschlossen haben. Das bedeutet, Sie haben Ihren Teil der Verantwortung erkannt und geistig in Besitz genommen. Sie haben zu diesem Geschehen keine Ausreden mehr. Keine Beschwerde. Keine Anklage. Nur Ihre Lektion und Ihr Wachstum. Daran erkennen Sie eine verarbeitete Geschichte. Los geht's.« Der Beamer projizierte eine Bilderreihe.

»Es fängt jedes Mal gleich an. Wir befinden uns auf dem Weg von A nach B. Wir nehmen uns etwas vor, setzen uns ein Ziel. Dann kommt uns etwas in den Weg. Eine Störung. Etwas unterbricht unseren Fluss. Ein unerwünschter Bremsklotz. Frust, Ärger, Enttäuschung und Angst kommen auf. Und dann entsteht die erste Stufe. Damit fängt es an: *1. Verdrängung:* ›Das darf doch nicht wahr sein!‹, beschwert sich unser bewusstes Sein. Ein Beispiel: Es ist fünf Minuten vor einem Vortrag. Ich bin bestens vorbereitet und warte auf meinen Auftritt hinter einer geschlossenen Flügeltüre. In der Hand halte ich einen leckeren heißen Kaffee. Plötzlich stößt jemand die Flügeltüre auf und knallt sie mit

Schwung gegen meine Hand. Der Kaffee verteilt sich über mein blaues Hemd. Ein Hemdwechsel dauert bei der Komplexität meiner Lähmung über zwanzig Minuten. Ich denke: *›Das darf doch nicht wahr sein!‹*

Lust auf Verantwortung

Bitte werden Sie sich doch einmal bewusst, wie oft und wie viel wir Menschen verdrängen. Wie oft wir etwas Unangenehmes nicht sehen oder wahrhaben wollen. Sei es ein lähmendes Ereignis aus der Kindheit, eine notwendige Auseinandersetzung mit dem Chef oder die Verschleppung einer Insolvenz. Oder noch schlimmer – eine echte Krisensituation. Verdrängung ist ein sehr häufig vorkommender mentaler Zustand. Im Kleinen wie im Großen. Bitte denken Sie nicht, dass das bei Ihnen selten vorkommt. Das wäre die klassische Überlegenheitsillusion.

Möchten oder müssen wir uns mit der Situation weiter auseinandersetzen, dann sucht unser Bewusstsein auf dem Weg zur Annahme erst einmal einen *Schuldigen*: *›Wer hat mir das angetan?‹* Bitte überlegen Sie mal, wie oft Menschen bei unangenehmen Problemen zunächst einen Schuldigen suchen. Fast reflexartig. So sieht das Spiel aus. Und ab jetzt wissen Sie, wie Sie das verstehen können. Verstehen, ohne einverstanden sein zu müssen. Es ist ein Bewusstsein, das um seinen Teil der Verantwortung ringt und auf diesem Weg bei der Verantwortung der anderen stehen bleibt. Das ist es. Nicht mehr und nicht weniger. Doch manche überwinden diese Phase und andere bleiben darin stecken. Das ist eben der große Unterschied. Bitte bedenken Sie, alle diese

Phasen sind nur mentale Zustände. Sie können Sekunden, Stunden, Tage, Monate, Jahre oder ein ganzes Leben dauern. Das ist die bittere und süße Wahrheit. In einigen Bereichen unseres Lebens überwinden wir die Stufen leichter, in anderen Bereichen schwerer oder gar nicht.«

»Mein Gott«, stammelte Eberhard Wehrlich, »die Suche nach dem Schuldigen ist bei uns in der Firma geradezu zu einem Sport geworden. Darin sind wir Weltmeister und halten mit stolz geschwellter Brust daran fest. Und wenn ich ganz ehrlich bin, kann ich darin auch sehr gut sein.«

Louis Berg klatschte erfreut in die Hände: »Klasse, sehr geehrter Herr Wehrlich. Was für eine klare Analyse! Und welcher Mut zur Selbsterkenntnis. Gratuliere! Genau daraus entsteht Wachstum. Lassen Sie uns sehen, wie es mit dem Bewussterwerden weitergeht.

Denn auch in Stufe drei versuchen wir unserem Teil der Verantwortung immer noch zu entfliehen. Die Suche nach einem Schuldigen geht weiter. Jetzt folgt die Ohnmacht gegenüber den Umständen. Es sind die *allgemeinen Umstände*, die uns das angetan haben. Denen wir nichts entgegenzusetzen haben. Hier werden Allgemeinplätze als Ausreden bemüht: Die Politiker, der Kapitalismus, der Chinese, die Banken, das Virus, Männer sind, Frauen sind, die Welt ist, die Umstände sind halt so … Und in meinem Beispiel mit dem verschütteten Kaffee: Hier rege ich mich darüber auf, dass eine Fluchttüre so gebaut wurde, dass sie nach innen aufgeht. Jeder weiß doch, dass Fluchttüren sich nach außen öffnen sollten. Pfusch am Bau. Mal wieder typisch: *›Da kann man halt nichts machen!‹*

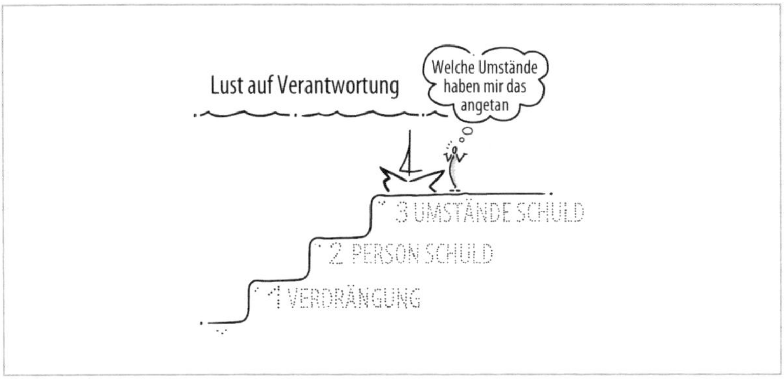

Und jetzt wird es sehr interessant. Unser Verantwortungsbewusstsein ringt weiter nach Wachstum. Nach den ersten drei erfolglosen Versuchen der Verantwortungsabgabe wendet sich die Suchrichtung um 180 Grad. Der Blick richtet sich nach innen. Doch auf dieser Stufe sind wir emotional völlig überfordert. Der Blick geht zwar nach innen, doch die Anklage, die Beschwerde, die wir ja gerade gut geübt haben, geht weiter. *Jetzt klagen wir uns selbst an.* Wir werfen uns vor, dass wir uns nicht besser vorbereitet haben. Dass wir jetzt gezwungen sind, uns damit auseinanderzusetzen. Wären wir besser vorbereitet gewesen, müsste das jetzt nicht sein. Das ist die nächste Stufe unseres Verantwortungsbewusstseins. Die Suche nach einem Schuldigen geht weiter – und kommt bei der Selbstanklage an: *›Ach, hätte ich doch nur schon früher…!‹* So bitter das jetzt klingen mag – das ist nichts anderes als Selbstmitleid. Wohlgemerkt, nur in diesem Zusammenhang, in diesem Kontext. In anderen Bereichen haben wir das schon überwunden.

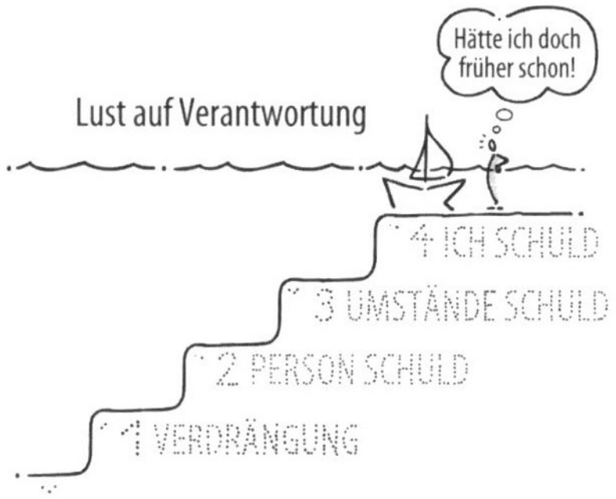

Beim Kaffeefleckbeispiel hört sich das dann so an: ›Louis, wie blöd muss man sein, wenn man fünf Minuten vor dem Auftritt noch einen Kaffee trinkt. Und erst recht, wenn man gelähmte Hände hat, die den Kaffee nicht richtig festhalten können. Und überhaupt, das muss doch kurz vor einem solchen wichtigen Vortrag nun wirklich nicht sein, oder? Mit welcher Dummheit muss man gesegnet sein, dass man so einen idiotischen Fehler macht.‹«

»Erwischt«, zischte Frau Salm und fügte bedächtig hinzu: »Das scheint mein Lieblingszustand zu sein. Da habe ich eine perfekte Ausbildung. Abitur, Studium und Promotion. Das Gefühl der Schuld verfolgt mich mein ganzes Leben. Alles hätte noch ein bisschen besser sein können. *Krankhaften Perfektionismus* nennt man das. Deswegen war ich schon in Therapie. Doch die Möglichkeit einer Transformation wird mir erst jetzt etwas bewusster. Dass das eben nur ein mentaler Zustand ist. Nicht mehr und nicht weniger. Und dass ich darüber hinauswachsen kann, wenn ich weiß, wie. Diesen Weg sehe ich erst jetzt ganz klar. Was für eine wichtige Erkenntnis. Vielen Dank! Das ist sehr schmerzhaft und tut zugleich gut.«

»So gern ich Ihre Anerkennung annehmen würde«, erwiderte Louis Berg, »diese Verantwortungsstufen sind schon vor mir von mehreren Autoren durchdacht und bedacht worden. Ich durfte sie kennenlernen, weiterentwickeln und anpassen. Wir alle stehen auf den Schultern von Riesen aus der Vergangenheit. Und für mich ist das ein Grund für Demut und Dankbarkeit. Einen kleineren Teil der Anerkennung

level ist nicht außergewöhnlich, sondern eher durchschnittlich. Und das wird rüberkommen. Ich denke: ›*Ich muss jetzt halt den Vortrag halten, möchte es jedoch mit dem Fleck nicht machen*‹: Ich muss, will aber eigentlich nicht.

Diese Stufe wird von den meisten als *Verantwortung* empfunden. Und genau deswegen wiegt Verantwortung für die meisten schwer. Es ist eine Last und keine Lust. Genau da liegt das Problem. Und das wurde uns im Institut bewusst, nachdem wir vier Jahre zu Verantwortungsbewusstsein in die falsche Richtung geforscht hatten. Wir sind von einer höheren Stufe von Verantwortung ausgegangen und wollten eine breite Öffentlichkeit dazu einladen. Diese breite Öffentlichkeit verstand aber die Schwere von Verantwortung als Verpflichtung und lehnte dankend ab.

Die Stufen vier und fünf werden in der Gesellschaft als Verantwortung empfunden. Und das wollen und werden wir ändern. Wir sehen es als unsere Aufgabe, dass unsere Gesellschaft eine völlig andere Haltung zu Verantwortung erlernt und einnimmt. Wir nennen sie *Lust auf Verantwortung*. Doch dazu muss man erst einmal tiefer erleben, wie diese Haltung wirkt. Und sie sollte klar nachvollziehbar und erlernbar sein. Genau deswegen haben wir den Verantwortungsindex erdacht und initiiert. Dort kann jeder auf verantwortungsindex.de die jährlichen Forschungsergebnisse einsehen, zudem die Qualität seines eigenen Verantwortungsbewusstseins messen und Empfehlungen für die eigene Entwicklung abrufen.«

Alfred Specht fragte interessiert: »Darf ich diesen Test mal machen? Das würde ich doch sehr gerne ausprobieren. Und ich bin mir sicher, ich spreche für alle in dieser Runde. Das wäre ja fantastisch, wenn wir unser Bewusstsein für Verantwortung erhöhen könnten.« Alle bis auf Gottfried Zucker nickten. Er merkte kritisch an: »Ich mag solche Tests nicht. Woher weiß ich denn, dass das, was da rauskommt, auch richtig ist. Ich warte erst mal ab, welche Erfahrung meine Kollegen machen. Dann werde ich mich vielleicht damit auseinandersetzen.«

»Für mich ist das völlig in Ordnung«, erwiderte Louis Berg. »So ein Test ist nur eine weitere Einladung zur Reflexion. Je wissenschaftlich fundierter der Test ist, umso besser kann man sich an dem Ergebnis orientieren. Doch ich stimme Ihnen zu, man sollte nie seinen Kopf abgeben. Valide Messverfahren sind jedes Mal nur eine Einladung. Was und wie wir damit umgehen, liegt völlig in unserer eigenen Verantwortung. Auch ich würde mein Schicksal niemals in die Hände eines Tests geben, ohne selbst über dessen Bedeutung für mich zu entscheiden.«

Gottfried Zucker nickte zufrieden: »Genau das ist meine Sorge. Danke, dass Sie das ernst nehmen. Das beruhigt mich. Vielleicht probiere ich das Messverfahren doch einfach mal aus. Mal sehen.«

Louis Berg lächelte ihn respektvoll an und erklärte weiter: »Und wie sieht jetzt die sechste Stufe aus? Die völlige geistige Inbesitznahme? Dass wir unseren Teil der Verantwortung erkennen, anerkennen und zu einer hohen Handlungsenergie transformieren? Ja, das ist eine sehr zentrale Frage mit einer sehr bedeutenden Antwort. Ich beschreibe jetzt erst mal diese Stufe und später werden wir besprechen, mit welchem Leitfaden wir diese höchste Stufe erklimmen. Immer wieder. Nicht in allen Bereichen unseres Lebens, sondern nur in den wichtigsten. Das ist das Ziel. Alles andere wäre wieder krankhafte Perfektion und Idealismus. Den brauchen wir nicht, den haben wir schon zur Genüge.

In dieser mentalen Haltung haben wir unseren Teil der Verantwortung erkannt und das Thema völlig geistig in Besitz genommen: *intellektuelle und emotionale Annahme, komplette Identifikation*. Das erkennen wir daran, dass wir nur mit der Problemlösung und der Erreichung unseres Ziels beschäftigt sind. Unser Bewusstsein sucht nicht nach

Ausreden, Entschuldigungen oder Beschwerden. Daran erkennen wir es. Wir kommen in den Fluss. Wir beschweren uns nicht mehr über den Widerstand. Wir wissen: Wir werden ihn überwinden. Und dann kommen wir weiter. Schritt für Schritt. Obwohl wir auch wissen, dass das nächste Hindernis schon bald um die Ecke kommen wird. Und dann fangen wir mit diesen Stufen wieder von vorne an. Jedoch beim nächsten Mal vielleicht schon ein bisschen schneller. Und vor allem bewusster. Und so entwickeln wir *Lust auf Verantwortung. Lust auf mentales Wachstum.* Weil wir jetzt genau wissen, welche Zustände wir innerlich durchlaufen. Das gibt uns Kraft und Zuversicht. Und diese Erkenntnis teilen wir gerne mit anderen Menschen.

In meinem Kaffeebeispiel sieht das dann so aus. Ich gehe auf die Bühne und empfinde: ›*Wenn ich schon muss, dann will ich auch.*‹ Der Vortrag beginnt: ›Sehr geehrte Damen und Herren, wie Sie sehen, habe ich mich gerade entschieden, mit einem frischen Kaffeefleck auf meinem Hemd zu Ihnen zu sprechen. Danke für Ihre Einladung. Ich freue mich sehr auf diesen Vortrag und habe das Gefühl, dass es der beste Vortrag meines Lebens wird.‹

So sieht eine völlige geistige Inbesitznahme aus. Andere, die solch einen Zustand beobachten, denken vielleicht, man würde sich selbst etwas vormachen. Doch es ist nicht wichtig, was andere dazu denken, sondern was Sie tief in Ihrem Herzen empfinden. Um diesen Zustand geistiger Inbesitznahme des eigenen Einflussbereichs, darum geht es. Und der ist sehr kraftvoll und emotional befriedigend.

Jeden Tag durchlaufen wir immer wieder die Stufen. Manchmal bleiben wir weiter unten stecken, manchmal nicht – meist unbewusst. Doch durch das Training mit Leading Simple wird es uns immer bewusster. Haben Sie für sich selbst eine eigene, selbst durchlebte Lebensgeschichte mit durchgespielt?«

»Und ob«, freute sich Manuela Herzlich. »Diese Stufen sind einfach der Oberhammer. Doch eins ist mir gerade bewusst geworden. Ich bin bei meiner Geschichte noch gar nicht in der Stufe sechs. Ich bin gerade noch in der Stufe fünf, auf dem Weg zur Sechs. Das ist mir jetzt klar. Doch allein schon, weil ich um die sechste Stufe weiß, weiß, dass es sie gibt, bin ich voll motiviert und geistig auf der Suche. Das ist einfach toll! Doch, Herr Berg, wo bleibt denn die zweite Geschichte? Ich kann mir gar nicht vorstellen, wie die Verarbeitung Ihres Unfalls in diese Stufen reinpasst. Da bin ich jetzt aber sehr gespannt.«

Berg nickte nachdenklich und antwortete in Gedanken versunken: »Ich erinnere mich noch genau, wie ich im mexikanischen Dschungel auf einer hohen Klippe stand. Neben mir toste ein Wasserfall in die Tiefe. Ich wollte mich fertig machen zum Sprung. Das war ja nicht das erste Mal ... Schließlich war ich ein körperlich durchtrainierter Sonnyboy. Doch es schrie mich eine innere Stimme an: ›*Louis, spring ja nicht!*‹ Ich hörte die Stimme und dachte über sie nach. War das meine Intuition, sollte ich ihr folgen? Oder war es Angst, sollte ich sie überwinden? Es fiel mir damals sehr schwer, Intuition von Angst zu unterscheiden. In diesem Fall war es die Intuition, der ich hätte folgen sollen. Doch ich dachte, es sei Angst, die es zu überwinden gelte. Ich bin gesprungen! Dabei hatte ich zu wenig Körperspannung. Mein Hals wurde beim Aufprall auf dem Wasser so überstreckt, dass der siebte Halswirbel brach. Ich war sofort gelähmt, konnte meine Beine nicht mehr bewegen und drohte zu ertrinken. Nach einem erbitterten Todeskampf wurde ich von meinem Reisegefährten und Einheimischen gerettet. Sie zogen mich aus dem Wasser und legten mich an den Strand. Ich tastete meinen Körper ab, konnte ihn nicht spüren. Ich war bei vollem Bewusstsein, und mir war klar: Das hat mit der Wirbelsäule zu tun. Und ich dachte: ›*Das darf doch nicht wahr sein.*‹ Ich war in der ersten Phase angekommen.

Unser Verantwortungsbewusstsein braucht bei solch extremen Erfahrungen natürlich viel mehr Zeit zur Verarbeitung. Da dauern die Phasen zwischen den Stufen deutlich länger. Und deren Verarbeitung ist wesentlich komplexer und geht psychisch tiefer. Das ist nicht in fünf Minuten machbar wie bei einem Kaffeefleck. Bei mir dauerte es Jahre. Und die einzelnen Übergänge sind nicht so klar, sondern viel verschwommener. Und doch lassen sich die einzelnen Phasen sehr gut erkennen, wenn man die sechs Stufen kennt.

Nachdem ich bereit war anzuerkennen, dass ich vor der Lähmung nicht weglaufen kann, ging die Suche nach den Schuldigen los. Fündig wurde ich bei meiner Erziehung. Denn bei mir gab es Anerkennung für Leistung. Also bin ich immer wieder an körperliche und geistige Grenzen gegangen, um Anerkennung zu erfahren. Und äußere Anerkennung war mir damals sehr wichtig. Also gab ich meiner Erziehung und damit meinen Eltern die Schuld. Wäre ich nicht so erzogen worden, hätte ich nicht immer meine Grenzen gesucht. Ich hatte also meine Antwort auf die Frage: ›*Wer hat mir das angetan?*‹

In der dritten Stufe wurde mir dann klar, dass meine Eltern ja nur so sind, weil die Gesellschaft so ist: Du bist als Mensch nur etwas wert, wenn du etwas leistest. Also war die Gesellschaft schuld. Es waren die Umstände, die mir das angetan haben. ›*Da kann man halt nichts machen.*‹

Und danach suchte mein Verantwortungsbewusstsein weiter nach einem Weg der Verarbeitung. Schuld war immer noch das Thema, doch die Suchrichtung veränderte sich. Der Blick wendete sich von außen nach innen. Und traf mich selbst mit voller Wucht. Richtete sich gegen mich selbst: ›Wie konnte ich mir das nur antun? Warum fühlte ich mich nur an der Grenze zum Leben so richtig wach? Warum fehlte es mir an Demut und Dankbarkeit für das Leben? Was stimmte mit mir nicht?‹ In dieser Stufe ist Selbstmitleid das große Thema. Und natürlich werden daraus Selbstvorwürfe. Das kann bis zur Selbstzerstörung führen und ist mitunter ziemlich grenzwertig. An diesen Stellen kann es mentale Kreuzungen geben, an denen man in die falsche Richtung abbiegt und sich selbst übermäßig viel Schuld zuspricht. Oder anderen übermäßig viel Schuld zuspricht. Das lässt sich in unserer Gesellschaft überall jeden Tag beobachten. Menschlich verständlich, mental ein Höllentrip. Ich werde alles dafür tun, dass Menschen das immer mehr begreifen und überwinden. Generell für ihr Leben und das Leben in ihrem Umfeld. Das ist sehr heilsam.«

Gottfried Zucker stammelte betroffen: »Ihrer Geschichte folgend wird mir gerade bewusst, wo in meiner Familie noch Schuld hin und her geschoben wird. Für bestimmte Situationen und Verletzungen. Mein Gott, wäre das schön, wenn wir das bei uns und anderen in unserem Umfeld sichtbar machen und überwinden könnten.«

»Das wünsche ich Ihnen von Herzen, lieber Herr Zucker. Und was für einen kleinen Kreis in der Familie gilt, gilt auch für einen größeren Kreis in einem Unternehmen. Natürlich nicht so tief und so extrem. Doch die emotionalen und mentalen Prägungen verlaufen identisch. Deswegen ist das Wissen und Verstehen dieser sechs Stufen des Verantwortungsbewusstseins so bedeutend. Genau deswegen fangen wir mit der Klarheit über diese sechs Stufen bei Veränderungen der Firmenkultur an. Wenn diese Stufen den Menschen in Organisationen bewusst werden, wird das Training mit Leading Simple leichter. Dann verstricken sich die Teilnehmenden nicht mehr in Vorwürfe an andere, sondern jeder lenkt den Blick auf sich selbst und greift sich an die eigene Nase. Spürt nach innen. Ohne dieses Verständnis wird keine Transformation ausgelöst.

Wechseln wir wieder zur Verarbeitungsgeschichte. Nach der Phase *Selbstmitleid* kam die Phase der *Verpflichtung*. Augen zu und durch. Mit aller Härte und Konsequenz gegen mich selbst und andere. Koste es, was es wolle. Jeden Tag mit dem Messer zwischen den Zähnen aufwachen und loslegen. Was für ein heftiger Zustand. Wenn ich heute auf den damaligen Louis Berg zurückschaue, muss ich nur den Kopf schütteln. Er ist mir fremd. Und erst mit dem Wissen über die sechs Stufen konnte ich ihm verzeihen und mich mit ihm versöhnen. Das war wichtig.«

»Sehr verständlich«, murmelte eine betroffene Manuela Herzlich.

»Danke. Und jetzt kommt die höchste Stufe. Die komplette Verarbeitung. Die geistige Inbesitznahme von meinem Teil der Verantwortung. Das löste eine ganz andere Kraft aus. Eine ganz andere Klarheit. Ein ganz anderes Bewusstsein. Und erst dadurch erhielt ich die Energie, das zu bewegen, was bis heute in meinem Leben sichtbar geworden ist.«

Louis Berg schwieg und in der Stille entstand eine knisternde Spannung im Konferenzraum. Nach einer gefühlten Ewigkeit sprach er weiter: »Schließlich wurde mir mein Teil der Verantwortung bewusst. Und diese Erkenntnis gab mir Energie und Kraft für die Zukunft. Mir wurde klar: Zu viel Verantwortung würde mich überfordern und auslaugen. Zu wenig Verantwortung würde mich unterfordern und damit einen Mangel an Selbstwirksamkeit auslösen. Und genau dazwischen gibt es einen Korridor. Und der macht *Lust auf Verantwortung*. Das Ergebnis dieses Korridors, dieses mentalen Zustands, hört sich bei mir folgendermaßen an: Ich bin froh und dankbar, dass ich in diesem Rollstuhl sitzen darf. Ich bin froh und dankbar für die Berufung, die ich gefunden habe und heute leben darf. Und wenn der Preis für dieses Leben, das ich jetzt leben darf, war, dass ich springen musste, so würde ich es noch einmal tun. Ich möchte dieses Leben genau so im Rollstuhl leben, wie ich es jetzt lebe.«

»Uff«, entwich es Inge Salm, »mir kommen gleich die Tränen. Was für eine Geschichte. Glauben Sie, dass alle Menschen diese Kraft haben?«

»Das weiß ich nicht«, gab der Mann im Rollstuhl offen zu. »Doch eines weiß ich. Es lohnt sich, dass wir jedem Menschen dabei helfen, möglichst nah an seine innere Kraftquelle heranzukommen. Damit jeder Mensch der Beste wird, der er sein kann.«

»Ja, das ist eine sehr kraftvolle Geschichte«, bestätigte Alfred Specht. »Und mir wird auch immer klarer, warum Sie uns diese Geschichte erzählen. Damit auch wir uns immer bewusster werden, welche große Kraft in jedem Menschen liegt. Und wie groß die Versuchung ist, sich in der Welt da draußen mental zu verlaufen. Sich in Anklagen und Beschwerden aufzureiben. Und was möglich ist, wenn Menschen bei sich bleiben und in sich die Antworten suchen und finden. Jene Antworten, die das Leben an sie stellt. In anderen Worten: Lust auf Verantwortung. Ist dem so, lieber Herr Berg?«

»Treffer, lieber Herr Specht! Jetzt bin ich gespannt auf Ihre weiteren Erkenntnisse zu den Prinzipien. Ich schlage vor, wir machen eine Pause, lüften unseren Kopf durch, essen eine Kleinigkeit und machen in einer Stunde weiter.«

Unterscheidungen aus dem letzten Kapitel:

1. **Mein Teil der Verantwortung**
2. **Einflussbereich / Interessenbereich**
3. **6 Stufen der Verantwortung**
4. **Intuition / Angst**
5. **Verpflichtung / Verantwortung**
6. **Disziplin / Konsequenz**
7. **Verantwortung als Last / Verantwortung als Lust**

In diesem Video aus der Online Lernwelt beantwortet Boris Grundl folgende Frage:

Wie entsteht mehr Lust auf Verantwortung?

https://www.grundl-institut.de/verantwortung

Für mehr Inspirationen folgen Sie Boris Grundl auf:

TEIL III

Leading Simple: Das System

6. Die fünf Prinzipien

Frisch erholt wandte sich Alfred Specht nach der Pause an Berg: »Der Zugriff auf Ihre Online-Lernwelt ist tatsächlich von sehr großem Nutzen. So viel Inhalt. Manchmal habe ich Schwierigkeiten, mich darin zu orientieren. Das Leading-Simple-Haus hilft mir dabei. Jeder von uns hat sich intensiver mit einem Prinzip auseinandergesetzt und es den anderen vorgestellt. Wir wollten sichergehen, dass wir das Wesentliche richtig verstanden haben. Darum haben wir die fünf Module jeweils zusammengefasst. Wollen Sie sich die Zusammenfassung einmal anhören?« Louis Berg nickte. »Haben Sie diese Zusammenfassung aus Lust an Verantwortung oder aus Verantwortung als Last gemacht?«, fragte er lächelnd in Anspielung auf die sechs Stufen der Verantwortung. Alle lachten, der Produktionsvorstand rückte seine Brille zurecht und sagte: »Angefangen hat es tatsächlich aus Verpflichtung, doch es wurde durch die Sinnhaftigkeit des Ganzen schnell zu Lust.« Er las laut vor:

DAS ERSTE PRINZIP:

Lust auf Verantwortung

Verantwortung – und damit das Bewusstsein im Umgang mit Verantwortung – ist der Kern jeder menschlichen Entwicklung. Es gibt sechs Stufen des Verantwortungsbewusstseins. Jeder Mensch befindet sich jeden Tag in verschiedenen Situationen in allen sechs Stufen. Meist unbewusst. Keine Stufe ist gut oder schlecht. Sie bilden nur ab, wie sehr wir in einem bestimmten Kontext unseren Teil der Verantwortung erkannt und angenommen haben.

6. **Verantwortung**
   Wenn ich schon muss, dann will ich es auch ...
5. **Verpflichtung**
   Ich muss, will aber nicht ...
4. **Schuld ICH**
   Hätte ich doch nur schon früher ...
3. **Schuld UMSTÄNDE**
   Welche Umstände haben mir das angetan ...
2. **Schuld PERSON**
   Wer hat mir das angetan ...
1. **Verdrängung**
   Das darf doch nicht wahr sein ...

Die Aufgabe eines jeden Leaders ist es, diese Stufen innerhalb seiner Organisation sichtbar zu machen. Das heißt, jeder versteht und erkennt diese Stufen bei sich. Ziel ist es, bei den wirklich entscheidenden Themen in Stufe sechs zu sein. Jeder gibt anderen die Erlaubnis, ihn auf seinen Zustand des Verantwortungsbewusstseins aufmerksam zu machen. So entsteht eine Firmenkultur mit hohem Verantwortungsbewusstsein: wohlwollend und im gegenseitigen Respekt, am besten mit Freude, Humor und einem Augenzwinkern.

DAS ZWEITE PRINZIP:

Ergebnisorientierung

In Ergebnissen denken und handeln bedeutet, die Verbindung zwischen Denken / Handeln / Wirken und Ergebnissen verstanden zu haben. Was wir gestern gedacht haben, zeigt sich heute in Form von Ergebnissen. Was wir heute denken, zeigt sich morgen in Form von Ergebnissen. Denn Ergebnisse sind alles, was in unserem Leben da ist. Einen Teil davon haben wir selbst erwirkt, einen anderen Teil nicht. Die Schwierigkeit liegt darin, zu erkennen, was ich davon selbst beeinflussen kann und was eben nicht.

So versteht ein Leader Ergebnisse: Meine Gesundheit ist ein Ergebnis. Mein Level an Energie ist ein Ergebnis. Die Performance meiner Abteilung ist ein Ergebnis. Meine Fähigkeit zu denken ist ein Ergebnis. Meine Fähigkeit, Probleme zu lösen, ist ein Ergebnis. Die Qualität meiner Beziehung zu mir selbst ist ein Ergebnis. Die Qualität meiner Beziehung zu anderen ist ein Ergebnis. Wie sehr ich meine Talente zu Stärken entwickelt habe und damit anderen Menschen diene, ist ein Ergebnis. Mit welcher Konsequenz ich Ziele setze und erreiche, ist ein Ergebnis. Wie schon gesagt: Auf manches davon haben wir Einfluss, auf anderes nicht.

Was daraus folgt? Die Welt um uns herum ist nichts anderes als eine bestimmte Form von Ergebnissen. Auch in einem Unternehmen. Es geht nur um Ergebnisse. Leader haben gelernt, Ergebnisse zu lieben. Das Wort »liefern« ist für sie zu einem Lieblingswort geworden. Es löst keine moralische Anklage, sondern Freude aus. Wenn Schuldverteilung und Versagensängste verschwinden, entsteht eine Kultur der »Lust auf Ergebnisse«.

Der mentale Gegenspieler von *Ergebnisorientierung ist Beziehungsorientierung*. Es ist ein großer Unterschied, ob ich aufgrund einer Beziehung etwas leisten möchte oder weil ich das Ergebnis an sich erreichen möchte. Beziehungsorientierung führt zur Abhängigkeit von Personen. Ergebnisorientierung führt zu Selbstfunktionalität und damit zur Unabhängigkeit von Personen. Sie ist somit auch der Schlüssel für agiles Arbeiten. Ergebnisorientierung heilt Organisationen von persönlichen Eitelkeiten.

DAS DRITTE PRINZIP:

Veränderungskompetenz

»Lust auf geistiges Wachstum« beschreibt Veränderungskompetenz am treffendsten. Sie zeigt sich in lösungsorientiertem Denken. Jedem ist inzwischen bewusst: Alles kann sich sehr schnell ändern. Das Selbstverständliche von gestern wird heute schon infrage gestellt. Die Daseinsberechtigung von heute kann morgen schon überholt sein.

Viele Menschen überfordert das, weil sie versuchen, eine emotionale Herausforderung intellektuell zu meistern. Sie suchen neue Werkzeuge, um mit der Veränderung umzugehen, und behalten dabei ihr altes Denken bei, ihr altes Bewusstsein. Sie versuchen eine neue Diät, überdenken aber nicht ihre Emotionen bei der Nahrungsaufnahme. Denn anders zu denken löst große psychologische Unsicherheit aus. Pure, nackte Angst. Das müssen wir verstehen, ohne einverstanden zu sein.

Veränderungskompetenz ist die Lust an geistigem Wachstum. Dies bedeutet, sich selbst immer wieder klug infrage zu stellen. Eine starke mentale Herausforderung. Ein geistiger Kraftakt. Klug zerlegen und zusammensetzen. So wächst das Selbst und damit das Denken und das Bewusstsein. Es wird größer. Ohne sich dabei zu zerstören. Jeder kennt das. Was vor ein paar Jahren noch eine emotionale Belastung war, wird heute im Vorbeigehen erledigt. Dieses geistige Wachstum geschieht entweder frei gewählt oder unter Druck, von außen erzwungen – ganz gleich, ob es dabei um einen Menschen, ein Produkt, eine Abteilung oder ein Unternehmen geht.

Der große Gegenspieler von *Wachstum* ist *Bestätigung*. Das Selbst kämpft jeden Tag von morgens bis abends darum, bestätigt zu werden. Richtig zu sein. In Ordnung zu sein. Das gilt es zu verstehen, ohne einverstanden zu sein. Deswegen ändern sich die meisten nur, wenn sie unbedingt müssen. Wer sich beim Denken beobachten lernt, der wird die Zustände Bestätigung und Wachstum besser kennen- und führen lernen. Beide sind wichtig. Alles zu seiner Zeit. Die Transformation der beiden Gegenspieler heißt »Bestätigung durch Wachstum«. Dieses Bewusstsein gilt es zu erreichen. Erst bei sich, dann bei anderen. So entsteht eine Kultur der Veränderungskompetenz.

DAS VIERTE PRINZIP:

Sinnorientierung

Die großen Antreiber in einer Organisation lassen sich in einem Dreieck darstellen. An der Basis stehen sich »Hierarchie« und »Beziehungen«, also Netzwerke, gegenüber. Sie sind die großen Energien der Vergangenheit. Sie verbindet, dass sie hauptsächlich mit Angst arbeiten. Natürlich geben das die wenigsten so offen zu. Denn das ist sozial unerwünscht. Doch Angst und damit die »Schmerz-vermeiden-Energie« ist ein starker Antrieb. Ob nun die Angst, die Macht zu spüren, oder die Angst, aus der sozialen Sicherheit eines Netzwerkes zu fallen. Das ist weder gut noch schlecht, richtig oder falsch. Das gilt es zu verstehen, ohne einverstanden zu sein. Angst ist einfach ein Antrieb. Ohne moralische Verurteilung ist sie klar zu erkennen.

An der gegenüberliegenden Spitze des Dreiecks liegt der Antrieb der Zukunft. Es ist eine Energie, welche immer mehr Raum einfordert und immer bewusster wird. Es ist der Sinn. Es ist eine »Hin-zu-Energie«. Sinn erleben heißt, Freude zu erleben. Für die Zukunft gilt es, ein Bewusstsein für alle drei Energien zu entwickeln. Ausgewogen. Denn die Frage nach dem Warum stellt sich generell immer mehr. Falsch wäre es, jetzt nur noch nach Sinn zu fragen. Das würde in die bekannte ›Idealismusfalle‹ führen. Es geht also um eine ausgewogene Ergänzung im Dreieck. So sieht diese Transformation aus. Der Gegenspieler von *Sinnorientierung* ist also *Angstorientierung*. Beide gilt es tiefer zu verstehen und sich bewusster zu machen. Alle drei haben ihre Daseinsberechtigung, je nach Situation und Kontext. Zuerst muss man sie bei sich selbst erkennen und führen, dann bei anderen. So entsteht eine Kultur der Sinnorientierung.

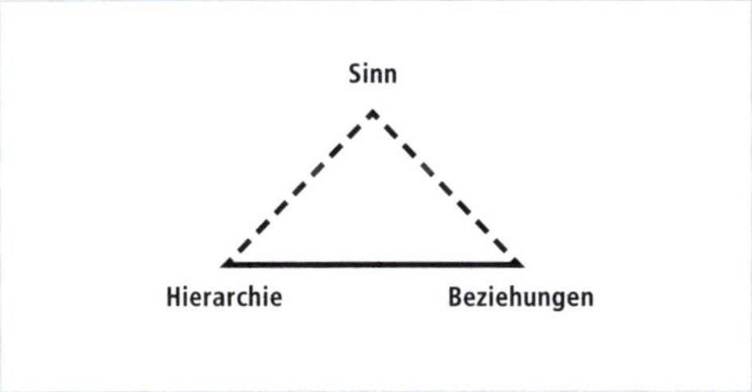

DAS FÜNFTE PRINZIP:

Kluges Vertrauen

Die Transformation von zu viel und zu wenig Vertrauen heißt kluges Vertrauen. Wer zu viel vertraut, ist entweder zu faul oder zu idealistisch. Zu faul, um sich wirklich mit Menschen auseinandersetzen. Oder zu idealistisch, weil die Idealismusfalle den Realitätssinn vernebelt. Wer zu wenig vertraut, der hat einfach Angst davor, verletzt zu werden. Und das kommt meist aus unverarbeiteten Verletzungen der Vergangenheit. Das endet oft in Kontrollsucht und einem »Ich mach das lieber selbst«-Wahn.

Vertrauen entwickelt sich wie die Kreiswellen nach dem Wurf eines Steins in einen stillen See. Es fängt an mit dem Vertrauen in das Selbst, dem Selbstvertrauen, dann kommt das Beziehungsvertrauen, dann das Organisationsvertrauen, gefolgt von dem Vertrauen in die Wirtschaft. Und schließlich folgt das Gesellschaftsvertrauen.

Der große Gegenspieler von *Vertrauen* ist *Misstrauen*. Misstrauen ist nichts anderes als eine erlernte Erfahrung. Sie resultiert aus unverarbeiteten Verletzungen aus der Vergangenheit. Diese sind durch enttäuschte Erwartungen entstanden. Da die Verletzungen noch nicht verarbeitet (transformiert) wurden, ist eine große Angst vor erneuten Verletzungen präsent. Misstrauen und die Angst vor Verletzungen werden mitunter überspielt durch eine besonders ausgeprägte Demonstration von Stärke.

Vertrauen entsteht, wenn sich das Bewusstsein, meist unbewusst, darauf ausrichtet, was einen mit etwas oder jemandem verbindet. Eine Art Verliebtsein. Das können ein Mensch, ein Produkt, eine Firma oder andere Dinge sein. Misstrauen entsteht, wenn sich das Bewusstsein darauf ausrichtet, was einen von etwas oder jemandem trennt. Auch das können ein Mensch, ein Produkt, eine Firma oder andere Dinge sein. Kluges Vertrauen entsteht, wenn das Bewusstsein das Verbindende und Trennende wahrnimmt und lernt, sich bewusst auf das Verbindende zu konzentrieren.

Das beste Training dafür ist: bewusstes Verlieben und Entlieben sowie Entlieben und Verlieben. Zum Beispiel von Speisen oder Gewohnheiten.

Mit dem Bewusstsein über Trennendes und Verbindendes in einem Unternehmen wird die Firmenkultur von einem klugen Vertrauen getragen. Von einer Art kritischem Vertrauen. Einer Art Reife. Das zeigt sich dann daran, dass alle relevanten Informationen schnell zur entscheidenden Stelle im Unternehmen

gelangen. Ohne Tamtam und politische Spielchen. Kluges Vertrauen sorgt für die entscheidende Schnelligkeit in einer Organisation und ist kein Soft Skill. Vertrauen ist ein Hard Skill. Kluges Vertrauen ist Geld.

Nachdem der Mann im Rollstuhl die kurzen Zusammenfassungen gelesen hatte, legte er die Blätter zurück auf den Tisch und sagte – nichts. Die fünf Leader der Gruber AG warteten ab. Aber Louis Berg zeigte keine Reaktion. Alfred Specht hatte die Texte in Abstimmung mit den anderen geschrieben, er räusperte sich. Doch Louis Berg starrte einfach aus dem Fenster.

»Liegt irgendwo ein inhaltlicher Fehler vor?«, fragte Alfred Sprecht. »Oder was haben wir sonst falsch gemacht?«

Louis Berg zuckte nur mit den Schultern und beachtete den Produktionsvorstand nicht weiter. Der fragte besorgt: »Habe ich Sie mit irgendetwas gekränkt?« Er wurde zusehends nervöser. »Oder tragen Sie es uns nach, dass wir uns anfangs kindisch verhalten haben?«

Plötzlich verwandelte sich der Gesichtsausdruck von Louis Berg, die Gleichgültigkeit wich einem ernsten Ausdruck: »Ich wollte Sie an zwei wichtige Lehren erinnern: Erstens verunsichern Sie Ihre Mitarbeitenden, wenn Sie überhaupt kein Feedback geben. Haben Sie bemerkt, wie unruhig Sie geworden sind, als ich nicht reagierte? Wie Sie die Orientierung verloren haben? Und Sie sind als Mitglieder des Vorstands sicher selbstbewusster als andere. Was glauben Sie, wie orientierungslos sich Mitarbeitende fühlen, wenn sie kein Feedback erhalten?« Erleichtert nickten die fünf. Sie nahmen sich fest vor, in Zukunft Mitarbeitenden *immer bewusst* ein klares Feedback zu geben.

Louis Berg fuhr fort: »Und zweitens war es ein Beispiel dafür, dass Ihre Beziehungsorientierung noch größer ist als die Ergebnisorientierung. Sie haben sich noch mehr an Ihrer Beziehung zu mir als am Ergebnis Ihrer Arbeit und deren Wirkung orientiert. Das ist sehr verständlich, da Sie sich in Sachen Führungskompetenz noch unsicher sind. Und weil Beziehungsorientierung, vor allem geprägt durch die Beziehung zu Harald Gruber, ein großer Teil Ihrer jetzigen Führungskultur ist. Können Sie es jetzt sehen? Wird Ihnen das jetzt immer bewusster? Wird aus der unbewussten Inkompetenz eine bewusste Inkompetenz?«

Frau Herzlich schüttelte fassungslos den Kopf: »Einfach unglaublich. Vor ein paar Sekunden war dieses ›Kompetenzmodell‹ noch ein theoretisches Modell in meinem Kopf, und jetzt ist es auf einmal eine praktische Erfahrung und wird wirklich sichtbar. Und das liegt an Ihnen, lieber Herr Berg. Besser gesagt an Ihrem Bewusstsein. Das ist mir jetzt klar.«

»Danke, Frau Herzlich. Ich freue mich sehr über Ihre Erkenntnis! Und im Laufe unserer Zusammenarbeit werden Sie durch die Unterscheidungen wichtige Themen immer besser selbst erkennen und transformieren. Das Leading-Simple-System wird Ihnen dabei helfen.

Daraus folgt die zweite Lehre. Sie lautet: Bringe deine Mitarbeitenden dazu, sich immer mehr an vorher klar definierten Ergebnissen zu orientieren als an dir. Das verlangt vom Leader natürlich Größe. Denn die meisten wollen andere ja nicht von sich unabhängig und stark machen. Sondern sie möchten gebraucht werden, also Bestätigung – und machen so andere von sich abhängig. Meist passiert das unbewusst. Oder mit den Unterscheidungen von Leading Simple erklärt: Sie suchen eher Bestätigung als Wachstum. Das gilt es sich bewusst zu machen, ohne moralische Vorwürfe oder Anklage. Erst dann zeigen sich Ihnen Ihre Themen, und Verdrängung und unbewusste Inkompetenz haben ein Ende. Schauen wir uns noch einmal Beziehungsorientierung versus Ergebnisorientierung genauer an. Es geht ja nicht darum, das eine durch das andere zu ersetzen. Sondern es geht darum, diese beiden Dimensionen in eine gesunde Balance zu bringen. Das ist immer die Herausforderung bei der Betrachtung verschiedener Wertedimensionen: Man muss lernen, die beiden Pole geistig zu differenzieren. Das lässt sich visuell am besten so darstellen.« Er fuhr mit seinem Rollstuhl zum Flipchart und skizzierte ein Schaubild:

Das Verhältnis von Beziehungsorientierung zu Ergebnisorientierung entscheidet

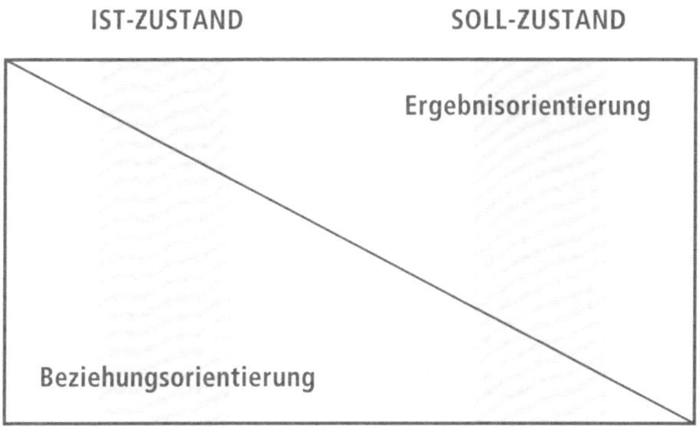

»Wenn man sich die Unterscheidungen in solch einem rechteckigen Schaubild verdeutlicht, wird es leichter, die mentalen Gegenspieler zu erkennen und zu verstehen. Und das Ganze führt weg von unserem erlernten, eindimensionalen Schwarz-Weiß-Denken. Je ergebnisorientierter ein Mensch wird, desto selbstfunktionaler wird er. Er wird immer weniger gebraucht, weil auch sein Umfeld gelernt hat, sich mehr in Richtung Ergebnisse zu orientieren und weniger in Richtung Beziehung. Ich bin der Meinung, dass Sie eigentlich alle hier gut in der Lage sind, Ihre Leistungen selbst zu bewerten.«

Die Blicke seiner fünf Schüler kreuzten sich; auch sie waren der Ansicht, schon ein kleines Stück des Weges vorangekommen zu sein.

»Ich möchte nicht, dass Sie von mir abhängig werden, weder von meiner Anerkennung noch von meiner Kontrolle. Ich gebe Ihnen gern etwas, solange Sie es sich noch nicht selbst geben können. Aber nicht länger. Ob wir unsere Ziele erreichen, hängt im Wesentlichen davon ab, ob wir alle uns kontinuierlich steigern.«

Die fünf Leader hatten ihn verstanden. Louis Berg wollte nicht zulassen, dass sie in eine Verhaltensweise zurückfielen, die sie bereits hinter sich gelassen hatten. Inge Salm fasste zusammen:

»Das Ziel jeglicher Führung ist es, sich überflüssig zu machen. Das zeigt sich dann am Niveau der Selbstfunktionalität der Mitarbeitenden.«

Sofort schob sie nach: »Das war doch gut auf den Punkt gebracht, nicht wahr? Ich habe da wirklich ein Talent. Das werde ich weiter ausbauen.« Louis Berg und die anderen lachten laut, sie hatten die Lektion verstanden. Gottfried Zucker meldete sich: »Wir haben ein Problem …«

»*Wir* haben kein Problem. Entweder das Problem ist in Ihrem Verantwortungsbereich oder in meinem Verantwortungsbereich. Aber ganz sicher haben wir kein gemeinsames Problem«, entschied der Coach sofort. Der Finanzvorstand verbesserte sich: »Ich meine, *ich* habe ein Problem.«

»Sehr gut, Probleme lösen heißt Wachstum. Problemen ausweichen oder Schuldige dafür suchen heißt Bestätigung. Denn wenn es keine Probleme gäbe, bräuchte kein Unternehmen einen Leader. Sie sind zum Problemlösen eingestellt«, fiel ihm Louis Berg erneut ins Wort. »Verantwortungsbewusstsein heißt auch, seine Probleme zu erkennen, anzuerkennen und selbst zu lösen.«

Gottfried Zucker lief dunkelrot an und begann zu stottern. Der Mann im Rollstuhl schlug vor: »Das ist nicht das erste und nicht das letzte Problem, das wir miteinander besprechen. Also schildern Sie es bitte und nennen Sie gleich Ihren Lösungsvorschlag.«

Gottfried Zucker erklärte: »Es geht um das fünfte Prinzip, das *Kluge Vertrauen*. Mein Stellvertreter hat damit so seine Schwierigkeiten. Er behauptet, im Unternehmen herrsche einfach zu viel Misstrauen. Er weigert sich, mit dem neuen System zu arbeiten, weil es dort auch um Kontrolle, also Misstrauen geht. Er sagt, wer vertraut, kontrolliert nicht.«

»Interessant«, sagte Louis Berg. »Diese erlernte Sichtweise über Vertrauen und Kontrolle sorgt dafür, dass Kontrolle einen Angriff auf den Selbstwert auslöst, und das tut natürlich weh. Sehr weh. Dieser

Gedanke ist übrigens weit verbreitet. Und, was ist Ihr Lösungsvorschlag?«

»Ich habe keinen. Mir fällt wirklich rein gar nichts ein«, entgegnete der Finanzvorstand kleinlaut.

»Wenn Sie keinen Lösungsvorschlag haben, dann haben Sie auch kein Problem«, erklärte Louis Berg. »Sie haben eine unerwünschte Situation vorliegen. Okay. Wenn Sie keine klare Vorstellung von der *erwünschten Situation* haben, haben Sie auch kein Problem. Haben Sie eine Vorstellung von der erwünschten Situation, ergibt sich daraus ein Lösungsvorschlag.«

Gottfried Zucker überlegte, dann sagte er: »Ideal wäre es, wenn es mir gelingen würde, dem Mann die unterschiedlichen Blickwinkel auf Vertrauen einmal sichtbar zu machen. Dann kann er selbst überlegen, welche Sichtweise die klügste für eine produktive Zusammenarbeit ist. Zum Beispiel: *Vertrauen entsteht durch Kontrolle* oder *Kontrolle ist Feedback, ist Hilfe zur Zielerreichung*. Außerdem werde ich ihn bitten, sich einfach mal intensiver mit Leading Simple auseinanderzusetzen. Ohne dabei zuerst ein mögliches Haar in der Suppe zu suchen. Ich denke, das werde ich ihm vorschlagen.«

Louis Berg fragte: »Was halten die anderen davon?« Alle nickten zustimmend und Berg fuhr fort: »Auch ich halte die Idee für gut. Vielleicht können Sie dem Mann noch etwas dazu mit auf den Weg geben: Sinnorientierung! Uns allen fällt es leichter, etwas zu tun, wenn wir verstehen, *warum* es funktioniert. Ich benutze erneut die rechteckige Darstellung unterschiedlicher Wertedimensionen. Jetzt bei Vertrauen und Misstrauen«. Er rollte zum Flipchart:

Das Verhältnis von Vertrauen und Misstrauen ergibt kluges Vertrauen

KLUGES VERTRAUEN

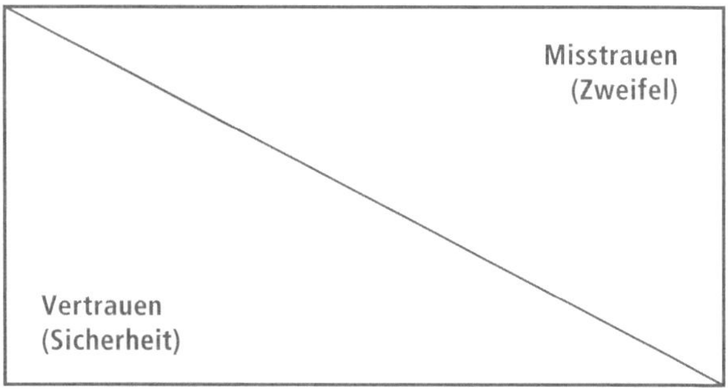

»Kluges Vertrauen ist ein mentaler Zustand, der von etwa zwei Dritteln Vertrauen und einem Drittel Misstrauen gespeist wird. Meist sind Menschen mit ihrem Bewusstsein entweder in vollem Vertrauen und damit in Sicherheit, oder sie sind im Misstrauen und damit im Zweifel. Im Schwarz-Weiß-Denken bzw. im Null-Eins-Denken. Die Transformation, welche die Gegenspieler Zweifel (Misstrauen) und Sicherheit (Vertrauen) in ein höheres Bewusstsein führt, heißt eben *Kluges Vertrauen*. Und wenn Sie das wissen, dann können Sie es auch trainieren. Herr Zucker, bitte fragen Sie doch mal Ihren Mitarbeiter, wo er sich selbst in diesem Rechteck sieht. Wo er jetzt steht. Und wo er gerne wäre bzw. welche Sichtweise vielleicht klüger wäre. Laden Sie ihn einfach zum Nachdenken ein. Machen Sie ihm seine unbewusste Inkompetenz bewusst, also sichtbar. Wird er klüger, sieht er vielleicht ein, welche Denkfehler er in der Vergangenheit gemacht hat. Und das bitte mit Respekt und Verständnis für seine bisherige Sichtweise. Ohne Überheblichkeit. Auf Augenhöhe. Ist diese Vorgehensweise für alle so gut nachvollziehbar? Übrigens gehe ich gerade genauso hier bei Ihnen vor.«

Seine Zuhörer nickten wieder. Sie lernten ja gerade deshalb so viel von ihm, weil er ihnen stets ausführlich die Gründe erklärte. »Scheuen

Sie keine Mühe, den Sinn, die Zusammenhänge sichtbar zu machen und zu trainieren«, beschwor Berg sie nun. »Bedenken Sie: Firmen geben rund sechzig Prozent ihres Budgets für die Gehälter ihrer Angestellten aus. *In die Entwicklung dieser Menschen investieren sie aber weniger als ein halbes Prozent.* Meist wird mehr Geld für die Pflege der Firmengebäude ausgegeben als für die Schulung der Angestellten.«

Dem Führungskreis wurde bewusst, dass ihr Coach nicht übertrieb. Berg fuhr fort: »Sie kennen alle einen Vogelkäfig mit einem Wellensittich. Oft hängt darin ein Spiegel – haben Sie eine Vorstellung, warum?«

»Ich habe einen Wellensittich«, warf Manuela Herzlich ein. »Der Vogel sieht sich im Spiegel und erkennt darin einen anderen Vogel, mit dem er spielen und kommunizieren kann.«

»Genau«, stimmte Berg ihr zu. »Und wir Menschen sind doch sicher schlauer als Vögel, nicht wahr?« Davon waren seine Zuhörer überzeugt.

Berg gab zu bedenken: »Mal sehen, ob das wirklich so ist. Wir betrachten oft die Welt und andere Menschen, ohne zu merken, dass sie auch zu einem Teil für uns ein Spiegel in der Wahrnehmung sind. Ein Spiegel, der unser Innerstes reflektiert, unsere Einstellung zur Welt und zu uns selbst. Und manchmal schauen wir mit einem klaren Blick auf die Welt, wie durch ein Fenster. Doch zu erkennen, wann wir in die Welt durch ein Fenster blicken oder sie doch eigentlich gerade ein Spiegel ist, dieses Verständnis, das ist eine hohe Kunst.

Jemand hat beispielsweise die Wahrnehmung, von Ignoranten und Deppen umzingelt zu sein. An dieser Stelle erkennt er nicht, dass es sein eigener Wunsch nach Überlegenheit ist, der die anderen dumm und unbelehrbar erscheinen lässt. Diesen Wunsch nach Überlegenheit oder Dominanz nennen wir Überlegenheitsillusion. *Überall wo Deppen sind, ist auch jemand, der Deppen produziert.* Einiges von dem, was wir in anderen sehen, hat seinen Ursprung in uns.«

Eberhard Wehrlich und Manuela Herzlich nickten bedeutungsvoll. Alfred Specht schien hingegen nicht überzeugt: »Das ist doch esoterischer Quatsch. Schließlich würde das ja bedeuten, dass, wenn einer meiner Mitarbeitenden nicht wachsen will, dies seinen Ursprung in mir hat. Das geht doch entschieden zu weit.«

Louis Berg antwortete knapp: »Sie haben recht.«

Alfred Specht war verwirrt und unternahm einen neuen Anlauf:

»Es geht mir nicht darum, recht zu haben. Ich meine nur, man darf solche Bilder nicht überstrapazieren.«

»Stimmt genau, da muss man vorsichtig sein. Ich kann Sie nur bestätigen«, gab der Mann im Rollstuhl zurück und schwieg. Der Produktionsvorstand rutschte unruhig auf seinem Stuhl hin und her. Schließlich lenkte er ein: »Aha. Verstehe. Erwischt.« Er grinste: »Bestätigung versus Wachstum. Manchmal geht das schnell mit dem Wunsch nach Bestätigung der eigenen Sichtweise. Ich lerne immer besser, mich beim Denken zu beobachten. Sehr kraftvoll! Danke. Also wechsle ich jetzt in den mentalen Zustand ›Wachstum‹ … Herr Berg, vielleicht habe ich gar nicht genau verstanden, was Sie sagen wollten … Könnten Sie mir bitte Ihre Gedanken dazu näher erklären?«

Dazu war Louis Berg sofort bereit. Dieses Mal zeigte er eine Zeichnung mithilfe des Beamers: »Da Sie jetzt wirklich erst einmal verstehen wollen, ohne gleich zu urteilen, will ich es gern erklären. Zuerst möchte ich Ihnen zeigen, wie vorbildlich und bewusst Sie Ihren mentalen Zustand gewechselt haben.

Es gibt also diese beiden Zustände, diese beiden Unterscheidungen, diese mentalen Gegenspieler in uns. Den Zustand der Bestätigung erkennen wir daran, dass wir andere oder anderes infrage stellen. Diesen Zustand entlarven wir durch unsere Wahrnehmung: ›Das kenn ich schon, das macht der falsch, das weiß ich besser, hätte man mal mich gefragt.‹ Das Interessante dabei ist, dass wir diesen Zustand im Voraus meist unbewusst auswählen. Und dieser Zustand beeinflusst dann unsere Wahrnehmung. Und anschließend sind wir oft damit beschäftigt, unsere Wahrnehmung vor anderen zu rechtfertigen und durchzusetzen. Es entstehen Kampf und Krampf. Durch Taktieren und politische Spielchen werden Energie und Kraft vergeudet. Das ist das linke Bild. Den Zustand des Wachstums erkennen wir ebenfalls durch unsere Wahrnehmung: ›Kann ich das schon? Von wo schaut der andere drauf? Was gilt es noch zu bedenken? Interessante Sichtweise.‹ Es heißt also, von seiner eigenen Sichtweise loszulassen und erst mal einen anderen Blickwinkel einzunehmen und zu durchdenken, ohne zu urteilen. Wirklich verstehen wollen, ohne einverstanden zu sein.

Ein geistig fordernder Zustand. Es geht um die beste Lösung für die Zukunft. Es geht um die Sache. Das ist das rechte Bild.

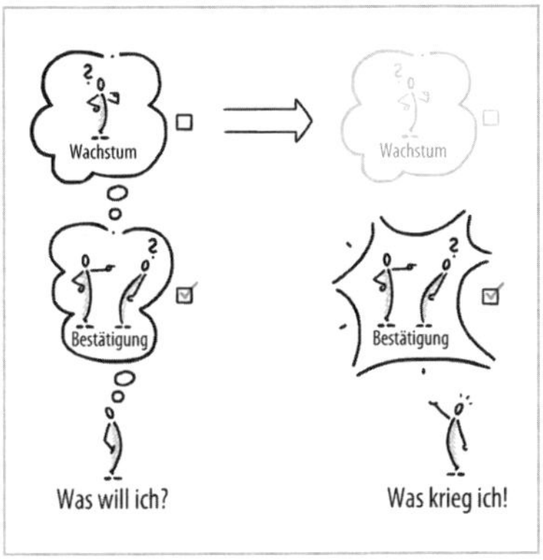

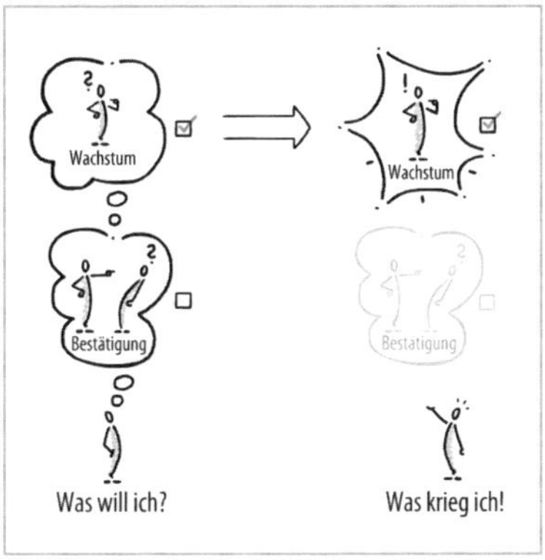

Auch in der Weiterbildungsbranche begegnen wir mitunter Menschen, die primär Bestätigung suchen und sich gut fühlen wollen. Das Gefährliche dabei ist: Sie gaukeln Interesse an Wachstum vor. Doch an ihrer mangelnden Wirkung erkennen wir sie. Denn sie möchten andere lehren, was sie selbst noch nicht transformiert haben. Deswegen sind viele Weiterbildungsangebote nicht systemrelevant. Sie sind *nice to have* und nicht *need to have*. Viele gut gemeinte Personalentwicklungsprogramme scheitern daran. Das ist sehr schade.«

Frau Herzlich ergänzte betroffen: »Das tut gerade weh. Vor allem mir als Personalerin. Doch ich kann Ihren Blickwinkel nachvollziehen. Da ist etwas dran. Leider. Doch das werden wir hier in diesem Transformationsprozess nicht mehr zulassen. Dafür werde ich jetzt sorgen.«

Louis Berg erwiderte: »Vielen Dank, Frau Herzlich. Ich hatte schon die Sorge, Sie würden diese Analyse persönlich nehmen. So geht es den meisten. Doch Sie haben sich einfach auf einen anderen Blickwinkel eingelassen. Und jetzt erkennen Sie, was Sie eigentlich schon längst wussten. Das ist für unser Projekt sehr wichtig! Danke.«

Und ein sichtlich erleichterter Eberhard Wehrlich seufzte: »Diese Visualisierung hilft mir sehr beim Verstehen, worum es hier eigentlich geht. Bis jetzt habe ich gedacht, ich kapiere das nicht. Ich bin nicht klug genug. Und mit der Aufforderung, *sich selbst beim Denken zu beobachten,* konnte ich auch nicht so richtig etwas anfangen. Es geht im Kern nicht um die Anwendung aller Unterscheidungen, sondern nur um die Unterscheidungen, die mir beim Verstehen und Umsetzen dieses Konzeptes am besten helfen. Die mich bewusster werden lassen.«

»Sie haben es erfasst. Klasse! Genau darum geht es. Je besser und tiefer Sie die Unterscheidungen verstehen, desto besser werden Sie das System hinter Leading Simple und die mentale Transformation generell verstehen und anwenden können. Am Anfang ist es verstörend, anders denken zu lernen. Es macht Angst. Oder fachlicher gesprochen: Es löst psychologische Unsicherheit aus. Doch mit der Zeit wird es zu einer neuen, extrem starken Gewohnheit mit fantastischen Ergebnissen. Morgens aufstehen und joggen gehen ist am Anfang auch sehr anstrengend. Und es dauert, bis man sich morgens im Wald wiederfindet und sich fragt, wie man dahin gekommen ist. Erst dann möchte man diese Gewohnheit nicht mehr missen. Erst dann ist es eine unbewusste Kompetenz. Doch da wir dieses geistige Fitnessstudio hier gemeinsam durchlaufen, können wir uns gegenseitig unterstützen. Echtes mentales Wachstum ist eben richtig anstrengend. Und es dauert. Es gibt keine Abkürzung. Es gilt, einen Preis dafür zu zahlen.

Zu viele Menschen möchten tolle Ergebnisse, ohne den Preis dafür zu zahlen.

Bewusstsein lässt sich nicht erzwingen. Es entwickelt sich. Hier eben durch eine klare Methodik und Didaktik.

Und nun zurück zum Bild vom Wellensittich. Es beinhaltet drei Lehren für Leader:

Erstens: Menschen ziehen sich gegenseitig an, um voneinander Lektionen zu lernen.

Zweitens prägt ein Leader seine Mitarbeitenden stark durch das Bild, das er von ihnen hat. Wer von Menschen denkt, sie seien faul und unfähig, wird sie oft genau so erleben. Wer sie für engagiert und kompetent hält, wird dadurch eine positive Entwicklung in Gang setzen. Wir nennen das eine ›selbsterfüllende Prophezeiung‹.

Und drittens sieht niemand nur seine Mitarbeitenden. Jeder sieht in dem anderen auch sich selbst. Denn in unserem Gegenüber spiegeln sich auch unser Weltbild und das Bild, das wir von uns selbst haben. Insofern treffen wir nie nur auf einen anderen Menschen, sondern immer auch auf uns selbst. Dazu eine kurze Geschichte …

Der eine Mensch sagt zum anderen: ›Du bist ein Egoist.‹ Da fragt der andere: ›Woran erkennst du das?‹ Da sagt der eine: ›Weil du nur an dich denkst!‹ Fragt der andere: ›Und an wen sollte ich sonst denken?‹ Da antwortet der eine: ›Na, an mich zum Beispiel.‹«

Alfred Specht ließ die Worte auf sich wirken. Dann sagte er: »Darüber muss ich kurz nachdenken. Das Bild vom Wellensittich mit dem Spiegel und die Egoistengeschichte helfen mir auf jeden Fall, die Sache besser zu verstehen.«

Der Mann im Rollstuhl zückte ein Kärtchen, auf dem die drei Lehren für Leader zusammengefasst waren, und reichte es weiter.

DER WELLENSITTICH UND DER SPIEGEL

Zu 50 Prozent siehst du die Welt klar, wie durch ein Fenster. Und zu 50 Prozent wird aus dem Fenster ein Spiegel. Die Kunst besteht darin, zu erkennen, wann was der Fall ist.

1. **Lehre: Menschen geben sich gegenseitig Lektionen, um aneinander und miteinander zu wachsen.**
2. **Lehre: Durch dein Bild vom anderen prägst du ihn.**
3. **Lehre: Du siehst im anderen auch deine eigenen zu lösenden Themen.**

Die fünf lasen das Kärtchen. Sie spürten, dass ihnen das Bild des Wellensittichs tiefe Zusammenhänge des Lebens vermitteln konnte. Sie verstanden, dass sie nicht einfach sagen konnten: »Meine Mitarbeitenden sind noch nicht so weit.« *Denn es war ihre Aufgabe, sie so weit zu bringen.*

Manuela Herzlich beschäftigte noch eine Frage: »Habe ich es richtig verstanden, dass ich die mentale Haltung beurteilen sollte und mir das mithilfe der fünf Prinzipien am besten gelingt?«

»Ich bin Ihnen dankbar für diese Frage«, gestand der Louis Berg. »Wie Sie jetzt wissen, gibt es zum Erlernen dieser fünf Prinzipien eine klare Didaktik und Methodik. Natürlich hat nicht jeder die gleichen Voraussetzungen. Zum Beispiel ist es für manche schwerer oder leichter, sich selbst beim Denken zu beobachten. Wem das mit dem Denken schwerfällt, der kann Leading Simple einfach erst einmal als Werkzeugkiste nutzen. Auch das ist möglich und funktioniert bestens. Bei der Beurteilung anderer sollten wir deswegen zwischen *Können* und *Wollen* unterscheiden. Beim *Können* sind wir weich. Denn jeder Mensch kann nur der Beste werden, der er sein kann. Mehr geht nicht. Beim *Wollen* sind wir hart. Besser klar. Wer nicht konstruktiv an und mit diesen fünf Prinzipien arbeiten will, sollte nicht mit uns zusammenarbeiten. Das ist völlig in Ordnung. Hier gehen wir jedoch keine Kompromisse ein.

Es ist unsere Aufgabe, das nach bestem Wissen und Gewissen einzuschätzen. Bevor wir jemanden einstellen oder uns trennen, sollten wir viele Versuche unternommen haben, immer wieder einzuladen und sichtbar zu machen. Doch irgendwann muss entschieden werden. Sie entscheiden, wann. Wichtig ist, dass alle in Ihrer Organisation genau das wissen. Was halten Sie davon, wenn Sie jetzt im Team die Leitsätze, die hier bei der Gruber AG für Leader gelten sollen, schriftlich zusammenfassen? Das Ergebnis sollte sein, dass Sie eine klare Orientierung für die gesamte Führungsmannschaft des Unternehmens geben. Schließlich sollte sich jeder schriftlich zur Umsetzung dieser Leitlinien verpflichten. Bitten nutzen Sie dafür noch den Rest des Tages. Wir treffen uns morgen wieder zur gewohnten Zeit.« Alle nickten und vertieften sich in ihre Arbeit.

Am nächsten Morgen ging es mit frischem Elan gleich richtig zur Sache. Dieses Mal übernahm Eberhard Wehrlich die Verantwortung für die Präsentation der Ergebnisse. Er verteilte die schriftliche Ausarbeitung und trug sie vor:

LEITLINIEN FÜR *LEADING SIMPLE©* LEADER*INNEN

Präambel:
Es geht darum, diese fünf Prinzipien immer besser zu leben! Nicht darum, sie perfekt zu leben. Bitte werde dir immer bewusster, wann andere für dich ein Spiegel sind und wann nicht.

Lust auf Verantwortung:
Ich entwickle permanent mein Verantwortungsbewusstsein weiter. Dazu nutze ich die sechs Stufen. Damit ich mich und andere weder über- noch unterfordere. Bei entscheidenden Themen bringe ich mich in die Stufe sechs. Meine Mitarbeitenden fordere und fördere ich ebenfalls darin. Ich befähige andere zur Verantwortungsübernahme und mache das durch Ergebnisse sichtbar. Ich konzentriere mich und andere auf ihren Einflussbereich und verschwende keine Energie im Interessenbereich. Das fördert die mentale Gesundheit aller. Ich suche und treffe Entscheidungen. Das fordere ich auch von meinen Mitarbeitenden ein.

Ergebnisorientierung:
Ich liefere Ergebnisse. Ich habe Lust auf Ergebnisse. Dazu bin ich als Leader angestellt. Das erwarte ich von mir und von allen Mitarbeitenden, die an mich berichten. Mir wird dabei immer bewusster, dass meine Lebensergebnisse zeigen, wer ich wirklich bin. Beruflich wähle ich bewusst eine ergebnisorientierte Beziehungsorientierung. Weder zu nah noch zu distanziert. Distanzierte Nähe. Aus Niederlagen und Rückschlägen mache ich Siege. So lerne ich permanent. Ich habe Respekt vor dem Scheitern und den Siegen anderer. Dadurch sorge ich für eine professionelle, gute Stimmung.

Veränderungskompetenz:
Ich habe Lust an geistigem Wachstum. Und dafür scheue ich keine mentale Anstrengung. Ich übe täglich möglichst bewusst meine geistige Flexibilität, indem ich schnell unterschiedliche Sichtweisen einnehmen kann. Ich lerne immer besser zu verstehen, ohne einverstanden sein zu müssen. Ich stelle mich freiwillig regelmäßig selbst klug infrage. Kritik nehme ich immer weniger persönlich. Mir ist mein innerer Kampf zwischen Bestätigung und Wachstum bewusst. Diesen lerne ich passend zu führen. Ich habe dafür Verständnis. Bei mir und bei anderen. Ich bilde mich regelmäßig in der Online-Lernwelt weiter.

▸▸

Sinnorientierung:

Ich sorge dafür, dass meine Mitarbeitenden den Unternehmenszweck und die Zusammenhänge im Unternehmen verstehen. Mit der Wirkung, dass sie möglichst oft Sinn in ihrer Arbeit erfahren. Ich gebe ihnen auch Orientierung hinsichtlich der Unternehmensentscheidungen und verteidige diese gegen jede Art von Angriff. Gerade auch dann, wenn ich selbst anderer Meinung bin. Intern oder extern. Ich gebe Mitarbeitenden jenseits von Hierarchien konsequentes, aufrichtiges Feedback bezüglich ihres Verhaltens und ihrer Leistung.

Kluges Vertrauen:

Als Leader bin ich Vorbild. Ich bin aufrichtig und fair. Ich schaffe ein Klima gegenseitigen Vertrauens. Ich analysiere kritisch die Performance meines Bereichs und bin zugleich zuversichtlich, dass wir alle Herausforderungen meistern werden. Ich vertraue nicht zu viel und nicht zu wenig und weiß, dass ich gelegentlich enttäuscht werde. Das nehme ich in Kauf. Mein Bewusstsein ist zu zwei Dritteln Vertrauen und zu einem Drittel Misstrauen. Das hält mich wach.

....

Datum, Ort   Unterschrift Leading Simple© Leader*in

Louis Berg fragte: »Wie zufrieden sind Sie mit Ihrem Ergebnis? Oder rückwärts gedacht: Wenn die jetzigen und zukünftigen Leader der Gruber AG sich ernsthaft an diesen Leitsätzen orientieren, bekommen Sie dann die Firmenkultur, die Sie möchten?«

Alle nickten eifrig. »Also ist das Ergebnis klasse! Und Ihrer Einschätzung folge ich. Das ist richtig gut.«

Die Personalvorständin hatte noch etwas auf dem Herzen: »Und wie reagiere ich bei Fehlverhalten? Sofort kritisieren?«

Louis Berg antwortete: »Bevor Sie kritisieren, ist die Anbahnung und Klarheit in der Erwartungshaltung entscheidend. Das heißt: Allen Leadern ist bewusst, worum es geht und worum nicht. Was machbar ist und was nicht. Was sie zu verantworten haben und was nicht. Denn in jeder Beziehung gibt es verbindende und trennende Elemente. So ist das auch bei Prinzipien. Wir können nicht davon ausgehen, dass diese Prinzipien zu hundert Prozent zu einem Menschen passen. Doch jedem Menschen kann bewusst werden, was ihn mit etwas verbindet und was ihn davon trennt. Wenn wir uns verlieben, sehen wir meist nur das Verbindende. Nach dem Rausch der Liebe tritt meistens das Trennende ins Bewusstsein. Reife besteht darin, zu sehen, was verbindet und was trennt. Und sich dann auf das zu konzentrieren, was einen mit etwas verbindet.« Er zeichnete ans Flipchart:

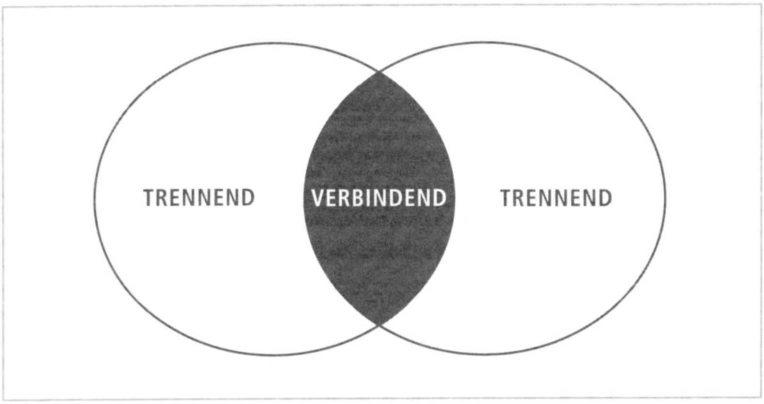

»Das ist professionell. Und das können wir auch erwarten. Zumal wir ja auch Lernhilfen im Erlernen und Anwenden der Prinzipien ermöglichen. Und durch die Online-Lernwelt kann sich jeder mit den Inhalten intensiv auseinandersetzen. Wann und wo sie oder er will.

Bei Kritik geht es um *Können* oder *Wollen*. Wie bereits angedeutet. Wenn jemand könnte, aber nicht will, ist es Zeit für ernstere Gespräche.«

Alle fühlten, dass sie auf dem richtigen Weg waren. Sie beschlossen, auch alle anderen Leader über die Leitlinien und die gemeinsamen Erwartungen mit aller Deutlichkeit aufzuklären.

»Was machen wir, wenn jemand sich auf Dauer absolut nicht nach diesen Prinzipien richten will?«, fragte Gottfried Zucker.

Berg entgegnete mit Nachdruck: »Über Ziele kann man verhandeln, über Prinzipien nicht. Wer sich nicht damit auseinandersetzen will, stellt die Firma selbst infrage, alles, wofür sie steht. Einen solchen Menschen sollten Sie nicht verurteilen. Jeder hat ein Recht, zu denken, was er will. Trotzdem müssen Sie sich von diesem Kollegen trennen, weil er sich mit der Firma nicht identifizieren möchte. Oder anders ausgedrückt, weil er und die Firma nicht zusammenpassen. Tun Sie das freundlich, aber bestimmt. Am besten, Sie überprüfen schon vorher, ob diese Identifikation zu erzielen ist. So stellen Sie von vornherein eher die kulturell passenden Mitarbeitenden ein. Denn Kultur schlägt Kompetenz. Kultur schlägt am Ende sogar Strategie. Kompetenz ist ein Hygienefaktor bei der Auswahl. Die steht am Anfang. Danach geht es nur noch um Kultur!«

Die Zuhörenden schluckten, weil ihnen die Wahrheit dieser Worte sofort einleuchtete. Sie notierten:

Trennen Sie sich von Mitarbeitenden, die sich nicht an den Unternehmensprinzipien orientieren.

Manuela Herzlich folgerte: »Ich glaube, ich habe früher Konsequenz mit Unmenschlichkeit verwechselt. Jetzt verstehe ich, dass man im Sinne der Firma konsequent sein muss. Damit schade ich den Betroffenen nicht, sondern helfe ihnen sogar. Denn niemand ist auf Dauer glücklich in einem Unternehmen, mit dem ihn wenig verbindet. Konsequent sein ist menschlich. Ich glaube, ich habe einfach Angst davor, Menschen zu manipulieren.«

Eberhard Wehrlich zeigte sich nachdenklich: »Je mehr Verantwortung ein Leader trägt, umso wichtiger ist es, dass er ein klares Bild von der Welt und von sich selbst hat. Dadurch und durch sein Handeln entwickelt er seine Persönlichkeit. Unser Tun prägt unsere Einstellung, und beide zusammen formen unsere Persönlichkeit. Aber wenn ich wirken will, muss ich doch andere beeinflussen, oder etwa nicht?«

Die Fragen zeigten Louis Berg, dass sich die Führungscrew der Gruber AG sehr ernsthaft mit den Modulen auseinandergesetzt hatte. Seine Freude darüber war nicht zu übersehen. Dann schlug er etwas vor, womit sie nicht gerechnet hatten: »Möchten Sie eine Firma kennenlernen, deren Führung auf diesen fünf Prinzipien basiert? Dort können Sie die Antworten auf Ihre Fragen finden. Einige Leader dort haben sich schon mit ähnlichen Fragen beschäftigt. Darum können sie Ihnen wertvolle Hilfen geben.«

Natürlich wollten sie. »Gut. Ich schlage vor, wir treffen uns das nächste Mal um Viertel nach zwei im Konferenzraum der Firma TextArt & Design. Man wird Sie dort bereits erwarten. Die genaue Adresse habe ich Ihnen notiert. Bitte planen Sie für die Fahrt ungefähr drei Stunden ein. Ach, noch etwas: Sie werden einen kleinen mittelständischen Betrieb erleben, eine wirklich außergewöhnliche Firma mit fantastischen Leadern.«

Unterscheidungen aus dem letzten Kapitel:

1. Lust auf Verantwortung
2. Ergebnisorientierung / Beziehungsorientierung
3. Veränderungskompetenz
4. Sinnorientierung
5. Kluges Vertrauen
6. Vertrauen / Misstrauen
7. Spiegel / Fenster
8. Können / Wollen
9. Verbindend / Trennend
10. Selbstfunktional
11. Bestätigung / Wachstum
12. Kultur / Kompetenz

In diesem Video aus der Online Lernwelt beantwortet Boris Grundl folgende Frage:

Wodurch werden Prinzipien für jede Unternehmenskultur so wichtig?

https://www.grundl-institut.de/prinzipien

Für mehr Inspirationen folgen Sie Boris Grundl auf:

7. Manipulation oder Beeinflussung?

TextArt & Design war eine Werbeagentur, sie wurde von Kerstin Leuchter geleitet. Die Chefin selbst stand am Eingang und empfing die Besuchergruppe herzlich. Zuerst umarmte sie Louis Berg – die fünf Gruber-Angestellten spürten, welch gutes Verhältnis die beiden hatten.

Kerstin Leuchter zeigte ihnen die Räumlichkeiten. Die sechzig Angestellten waren alle in einem großen Loft untergebracht. Einige Bereiche waren vorbildlich geordnet, andere sahen recht chaotisch aus.

»Das ist in unseren kreativen Abteilungen so«, erklärte die Hausherrin auf ihre fragenden Blicke hin. »Wir arbeiten alle in einem großen Raum, weil wir gemeinsam Ideen entwickeln, prüfen und umsetzen. Es ist wie in einer Fertigungshalle, nur, dass wir nicht irgendwelche Teile herstellen, sondern Werbestrategien. Durch die Räumlichkeit ist jedem hier stets der Zusammenhang deutlich.«

Sie führte die Besucher zu einem großen ovalen Tisch in der Mitte des Lofts. An einem Ende des Tischs stand ein Computer. »Wir leben von guten Einfällen und Ideen. Deshalb steht der Tisch mitten im Raum. Wenn die Texter oder die Grafiker nicht weiterkommen, setzen sie sich mit einigen Kollegen, die zu dem Thema etwas beitragen wollen und können, hierher und dann gibt es ein gemeinsames Brainstorming. Früher war es für den Einzelnen frustrierend, wenn er stecken geblieben war. Seit wir den runden Tisch haben, freuen wir uns auf die Gelegenheit, uns gegenseitig zu unterstützen.«

»Ein interessantes System«, sinnierte Alfred Specht. »Funktionierende Systeme können also sehr unterschiedlich sein.«

»Sie müssen einfach zur Firma passen«, bestätigte die Geschäftsführerin. »Vor Jahren habe ich die Agentur von meinem Vater übernommen. Das Unternehmen hatte bis dahin von seinen genialen Ideen gelebt. Wir mussten nun ein System finden, wie wir ohne ihn zurechtkommen konnten. Da lernte ich zum Glück Louis Berg kennen. Wir haben Leading Simple eingeführt und die Firma vollkommen umstrukturiert.«

Beeindruckt schauten sich die fünf Vorstände der Gruber AG um. Was sie sahen, gefiel ihnen: Es herrschte eine lockere Atmosphäre. Jeder schien Spaß an der Arbeit zu haben. Louis Berg unterbrach ihre Beobachtungen: »Kerstin, du weißt, warum wir hier sind. Ich denke, niemand kann diesen Leadern ihre Fragen besser beantworten als du.«

»Leader«, durchzuckte es die fünf. Zum ersten Mal nannte er sie Leader. Welch ein Gefühl! Louis Berg fuhr fort: »Die Frage lautet: Grenzt es nicht an Manipulation, wenn wir Menschen so konsequent durch Prinzipien führen?«

Kerstin Leuchter räusperte sich: »Manipulation ist ein häufiger Vorwurf. Ich hatte anfangs auch starke Bedenken und fragte mich, ob ich das Recht habe, Menschen zum Vorteil der Firma zu manipulieren.«

»Ich glaube, das bringt es auf den Punkt«, befand Manuela Herzlich. »Mir scheint, dass ein Leader wohl manipulieren *muss*. Allerdings weiß ich nicht, ob das moralisch vertretbar ist.«

Kerstin Leuchter fuhr fort: »Jetzt benutzen wir ein anderes Wort, wir sprechen von *Beeinflussen*. Tatsächlich gibt es einige wichtige Unterschiede zwischen *Beeinflussung* und *Manipulation*. Louis Berg hat mich darauf hingewiesen. Lassen Sie mich zuerst das Wesen der Manipulation erklären: Sie manipulieren, wenn Sie jemanden dazu bringen, etwas zu tun, *ohne* dass er es merkt und *ohne* dass er den Sinn versteht. Oft wird er zu einem Handeln geführt, das seinen eigenen Interessen entgegensteht, ihm also von Nachteil ist. Der Manipulator hat vor allem seinen eigenen Vorteil vor Augen. Beeinflussung ist hingegen etwas ganz anderes: Als Leader wollen Sie ja den Unternehmenszweck erfüllen und Menschen fördern. Das können Sie nicht, ohne Einfluss auf die Menschen zu nehmen. Aber Sie tun das nicht mit Nebelbomben, sondern offen, klar und nachvollziehbar – nach einem System, das Sie jedem vorher erklärt haben.«

Inge Salm fragte: »Kann man sagen, dass bei der Manipulation Informationen zurückgehalten oder verfälscht werden? Bei Beeinflussung dagegen weiß der andere, was ich warum tue, und ich hole vorher sein Einverständnis dazu ein?«

»Ja«, entgegnete Kerstin Leuchter, »das haben Sie treffend formuliert. Als ich damals darüber nachdachte, fand ich etwas Wichtiges heraus. Der Unterschied liegt in dem Menschenbild, das mein Verhalten beeinflusst.«

»Das Menschenbild?«, echote Inge Salm.

»Ein Leader«, erläuterte die Geschäftsführerin, »der beeinflussen will, hat ein bestimmtes Menschenbild. Er denkt: ›In jedem Menschen steckt großes Potenzial. Das muss ich fördern – zu seinem Vorteil und zum Vorteil der Firma.‹ Leader denken über sich selbst hinaus und dienen einer größeren Idee. Manipulatoren haben dagegen ein ganz anderes Menschenbild, sie sagen: ›Andere sind nur dazu da, um meiner Karriere zu dienen. Ihre Entwicklung ist nicht wichtig.‹ Beeinflusser fördern andere, fördern ihre Selbstfunktionalität und wollen erreichen, dass ihre Mitarbeitenden sich schließlich selbst steuern können. Manipulatoren dagegen tricksen und täuschen und schaffen Abhängigkeiten.«

Inge Salm sagte nachdenklich: »Das ist stark formuliert. Aber es trifft wohl genau den Kern.«

»Ich wünschte«, erwiderte Kerstin Leuchter, »Sie hätten erlebt, was in unserer Firma geschehen ist, welches Potenzial zutage getreten ist und welche Stärken sich entwickelt haben. Ein Manager, der seine Verantwortung für die Entwicklung anderer nicht annimmt, ist ein Feigling und kein Leader.«

Louis Berg erklärte: »Als Rollstuhlfahrer komme ich ohne andere Menschen nicht zurecht. Ich bin ständig auf die Hilfe anderer angewiesen. Anfangs war mir das ein Gräuel, das habe ich Ihnen ja bereits geschildert. In einem Hotel kann ich mein Gepäck nicht allein ausladen und aufs Zimmer bringen. Wenn vor einem Restaurant auch nur einige wenige Stufen sind, muss ich wildfremde Menschen ansprechen und bitten, mir zu helfen. Das war mir anfangs peinlich. Doch dann bin ich zu einer wichtigen Erkenntnis gelangt. Um Hilfe zu bitten ist etwas ganz Normales und niemals ein Zeichen von Schwäche. Wir Menschen brauchen einander, zusammen sind wir immer stärker als allein.

Und genau das ist das *Wesen der Führung: Professionell um Hilfe bitten.* Es gibt drei große Illusionen, drei mentale Bremsklötze, die uns in der persönlichen Entwicklung im Wege stehen. Genau die müssen wir überwinden lernen. Erst dann wird uns die Bedeutung anderer Menschen für unser Leben so richtig bewusst. Erst dann haben wir kein Problem mehr, andere um Hilfe zu bitten. Und dankbar deren Hilfe anzunehmen. Es geht um:

1. Überlegenheitsillusion
2. Unterlegenheitsillusion
3. Illusion der Selbstgenügsamkeit.«

Eberhard Wehrlich war beeindruckt: »So habe ich es noch nie gesehen. Natürlich, keiner von uns ist so schlau wie alle zusammen. Ich brauche also Hilfe. Und wenn ich um Hilfe bitte, beeinflusse ich. Allerdings hilft mir der andere aus freiem Willen. Damit ist der Sache gedient, aber auch dem, der hilft.«

Kerstin Leuchter stimmte ihm sofort zu: »Genau das sollte ein Leader verstehen. Er beeinflusst, um der Firma und den Mitarbeitenden zu helfen.

Louis Berg hat mir damals ein Kärtchen gegeben, das den Unterschied auf einen Blick klarmacht«, sagte Kerstin Leuchter. »Hier ist es.«

Manipulation	**Beeinflussung**
• Menschenbild: ausnutzen • eigene Bedürfnisse befriedigen • Fremdsteuerung • mit Informationen taktieren • basiert oft auf Täuschung • Endziel: Abhängigkeit	• Menschenbild: Potenziale fördern • Unternehmenszweck im Team erfüllen • Selbstfunktionalität • Informationen frei zugänglich • basiert auf Ehrlichkeit • Endziel: Unabhängigkeit

Die Gruber-Crew bedankte sich für diese Übersicht. Sie hatten nun endgültig verstanden, dass sie sich nicht davor drücken durften, andere Menschen zu beeinflussen. Eine solche Einflussnahme war für die Firma wichtig und für die Angestellten selbst ebenfalls.

Die Leader der Gruber AG sahen ihre Fragen beantwortet. Sie bedankten sich aufrichtig und verabschiedeten sich wenig später.

Als sich die Gruber-Führungscrew am nächsten Morgen mit Louis Berg traf, sagte er: »Sie haben nun die Prinzipien, die ein Leader erfüllen muss. Nein, *erfüllen will* natürlich. Das ist das Herz, das fragt: *Wodurch wird es getan?* Als Nächstes kümmern wir uns um den Kopf, der fragt: *Was ist zu tun?* Sie erhalten nun die nächsten fünf Module: nämlich die über die Aufgaben. Können Sie sich noch an die Vorteile erinnern, die Aufgaben klar festzulegen?«

Im Kopf waren alle noch ganz mit den Prinzipien beschäftigt. Zwei Vorteile fielen ihnen ein. Für die anderen nahmen sie das Kärtchen, das Louis Berg ihnen gegeben hatte, zur Hand. Die Vorteile von Aufgaben sind: Sie

- machen Arbeit nachvollziehbar messbar,
- ermöglichen »positive« Kontrolle,
- geben Sicherheit und Orientierung,
- ermöglichen klare Kommunikation durch ein gemeinsames Verständnis,
- definieren, wie Führung *indirekt* angewendet wird.

Berg stimmte nickend zu und schlug vor: »Bitte lesen Sie auch dieses Mal alles aufmerksam durch und vertiefen Sie das Ganze durch unsere Online-Lernwelt. Wie Sie ja schon wissen, werden dort auch die Aufgaben – inhaltlich präzise aufbereitet – vermittelt. Lernen Sie, wann Sie wollen, wo Sie wollen und sooft Sie wollen. Ihr persönlicher Umsetzungs-Coach steht Ihnen wieder telefonisch zur Verfügung. Überlegen Sie, wer außerhalb dieses Kreises die Inhalte kennenlernen sollte. Und dann tun Sie, was auch immer Sie für richtig halten. Folgen Sie der Stimme Ihres Herzens und handeln Sie. Ich schlage vor, wir treffen uns wieder in genau zwei Wochen – zu unserer üblichen Zeit. Nutzen Sie diesen Tag noch für den Einstieg. Viel Freude bei der Zusammenfassung.« Mit einem Augenzwinkern verteilte Louis Berg fünf Schriftsätze und verabschiedete sich. Seine Zuhörer fingen sofort an zu lesen und vertieften sich in ihre Arbeit. Als sie den Konferenzraum verließen, war es schon lange dunkel …

Unterscheidungen aus dem letzten Kapitel:

1. Können / Wollen
2. Wesen der Führung: Professionell um Hilfe bitten
3. Manipulation / Beeinflussung
4. Überlegenheitsillusion / Unterlegenheitsillusion
5. Illusion der Selbstgenügsamkeit
6. Abhängigkeit / Unabhängigkeit

In diesem Video aus der Online Lernwelt beantwortet Boris Grundl folgende Frage:

Wodurch unterscheiden sich Manipulation und Beeinflussung?

https://www.grundl-institut.de/manipulation

Für mehr Inspirationen folgen Sie Boris Grundl auf:

8. Die fünf Aufgaben

Es war Viertel vor neun und Louis Berg kam pünktlich in den Konferenzsaal. »Guten Morgen. Wie ist es Ihnen ergangen mit den fünf Modulen, die Ihre Aufgaben als Leader beschreiben?« Er wurde herzlich begrüßt. Im Raum wurde aufgeregt diskutiert. Anscheinend waren sie alles andere als einer Meinung.

Eberhard Wehrlich forderte: »Ich habe es ja schon immer gesagt. Wir brauchen eine klare Vision für unsere Mitarbeitenden. Nur so identifizieren sie sich mit dem Unternehmen. Der *Unternehmenszweck*, damit müssen wir anfangen.« Alfred Specht konterte: »Nichts da. Wir brauchen mehr Klarheit darüber, welche Ergebnisse an welchem Arbeitsplatz erwartet werden. Wir sollten mit der *ergebnisorientierten Aufgabenbeschreibung* anfangen.« Inge Salm fragte unsicher: »Sollten wir nicht mit der indirekten Führung anfangen, also *Systeme schaffen*? Denn sonst verlaufen wir uns wieder in Aktionismus. Herr Berg, was denken Sie, womit sollten wir anfangen? Alle Aufgaben hören sich so klar und logisch an.« Die Blicke der Anwesenden wanderten zu Louis Berg.

Der lächelte und sagte: »Zuerst einmal freue ich mich, dass Sie sich anscheinend selbst schon von der Sinnhaftigkeit der fünf Aufgaben überzeugt haben. Doch bitte treten Sie erst einmal im Geiste einen Schritt zurück, bevor Sie losstürmen. Seit zwei Wochen setzen Sie intensiv die Prinzipien um. Vor allem die sechs Stufen des Verantwortungsbewusstseins. Aus den Umsetzungstelefonaten mit meinem Trainerteam wurde mir berichtet, was schon klappt und was noch nicht funktioniert.

Stellen Sie sich vor, die Prinzipien sind der Fluss, und darauf segelt ein Schiff, das vom Fluss getragen wird. Der Rumpf des Schiffes sind die Aufgaben und die Segel sind die Hilfsmittel. Sobald Sie eine gewisse

Sicherheit (unbewusste Kompetenz) mit den Prinzipien erlangt haben, also der Fluss stabil in eine Richtung fließt, kommt der Zeitpunkt, sich auf die Aufgaben zu konzentrieren. Und ich bin mir sicher, Sie werden dann genau wissen, was Sie erst einmal vorbereiten und was Sie direkt umsetzen. Sie werden dann genau wissen, wann dieser Punkt gekommen ist, und im Team die Reihenfolge entscheiden. Das kann je nach Unternehmen sehr unterschiedlich sein. Braucht es Klarheit im Sinn, bietet sich der Unternehmenszweck als Start an. Braucht es zuerst Klarheit in den Ergebnissen, bietet sich die EOA (ergebnisorientierte Aufgabenbeschreibung) an. Wir konzentrieren uns jetzt erst einmal auf das Verstehen und Durchdringen der Aufgaben. In Ordnung?

Denn *beim Umsetzen von Leading Simple verzetteln sich Firmen zu oft in einer Anfangsbegeisterung*. Hermann Hesse hat das schön auf den Punkt gebracht. Er sagte: ›Und jedem Anfang wohnt ein Zauber inne.‹ Aber bei Leading Simple geht es darum, das System Schritt für Schritt konsequent umzusetzen. Mit all den nötigen Rückschlägen und Neuanfängen, die es zur tiefen Umsetzung braucht. Bis auch dem Letzten in der Firma klar geworden ist, dass kein Weg an diesem System vorbeiführt. Dass Leading Simple eben keine Modewelle ist und vorbeigeht. Dass es alle ernst meinen mit der Umsetzung. Sehr ernst. Und eben nicht, wie in der Vergangenheit, von Anfangsbegeisterung zu Anfangsbegeisterung taumeln und schließlich im Aktionismus versanden. Dann kommt die große Enttäuschung und sie suchen nach dem nächsten Modell, nach der nächsten neuen Modewelle. Die dann wieder nur oberflächlich angepackt wird. Kommt Ihnen das bekannt vor?«

»Das ist bei unseren vergangenen Veränderungsprojekten genau so passiert«, antwortete Manuela Herzlich. »Und das hat mich immer sehr traurig und manchmal auch wütend gemacht. Doch ich wusste bis jetzt nicht, warum das jedes Mal versandet ist. Jetzt sehe und verstehe ich es. Es ist mir bewusst. Es sieht ja fast so aus, dass Berater neue Modewellen erfinden, um gelangweilten Managern eine gewisse Anfangsbegeisterung mitzugeben. Doch eben, der neue Zauber verfliegt schnell. New Work, Agilität, Digitalisierung, VUCA ... Danach braucht es schnell die nächste Modewelle, die dann wieder nur oberflächlich angepackt wird. Denn wie mir jetzt so richtig klar geworden ist, ging es ja nur um Bestätigung, also um gute Gefühle. Gepaart mit dem Motiv, die eigene Überlegenheitsillusion zu festigen. Es ging nicht darum, sich selbst infrage zu stellen, also um Wachstum und damit um die nötige mentale Anstrengung. Mein Gott, hätte ich das doch schon früher gewusst …«

Louis Berg beschwichtigte sie mit ruhiger Stimme: »Bitte freuen Sie sich doch über Ihre Erkenntnis mehr als über Ihre Schuldgefühle bezüglich der Vergangenheit, liebe Frau Herzlich. Denken Sie an die Stufe vier im Verantwortungsbewusstsein: Hätte ich doch früher … Es ist viel wichtiger, dass Sie jetzt konsequent mit Ihren Erkenntnissen nach vorne blicken und sich nicht durch Schuldgefühle lähmen lassen. Schuld hilft niemandem. Es gibt nur demjenigen Macht, der Schuld verteilt, die dann vom anderen angenommen wird. *Schuldverteilung ist ein veraltetes Konzept zur Machterhaltung.* Davon lassen wir für die Zukunft komplett los. Deswegen benutzen wir das Wort Schuld auch nicht mehr. Es wird überall durch Verantwortung ersetzt. Ist das für Sie so passend, wollen wir so weitermachen?«

Alle nickten überzeugt.

Louis Berg fuhr fort: »Ich bewundere Ihren Mut, sich selbst ehrlich zu hinterfragen. Und wenn Sie dabei etwas erkennen, das nicht so toll ist, bitte vergeben Sie sich dafür. Ich weiß, das hört sich zunächst einmal etwas komisch an. Doch für Ihre mentale Gesundheit ist das sehr wichtig.

Die Veränderungsgeschwindigkeit nimmt immer mehr zu und fordert unsere emotionale Anpassung enorm. Das sollten wir für die Zukunft trainieren. Das ist eine ganz andere Form von geistiger Belastung. Deswegen nehmen auch die mentalen Krankheiten immer mehr zu. Es geht nicht mehr nur noch um Erfolg, sondern um Erfolg, Erfüllung und mentale Gesundheit. Deswegen ist das ›Höher-schneller-weiter-Denken‹ am Ende. Das Konzept der Zukunft heißt ›flexibler, klarer, tiefer‹. Und deswegen brauchen wir heute andere Antworten als gestern. Es geht jetzt um wirkliche mentale Transformation. Nicht kennen, sondern können.« Louis Berg schaltete den Beamer ein:

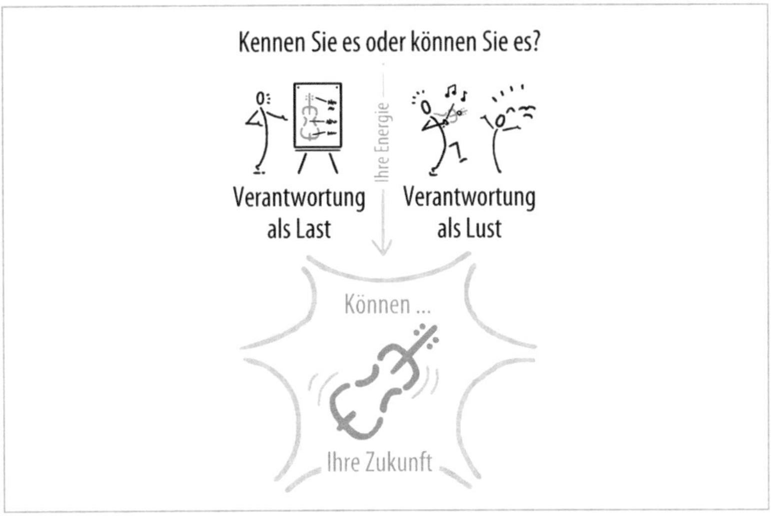

Er fuhr fort: »Es gibt so viele exzellent ausgebildete Menschen, die sehr viel kennen. Sie haben sich mit anspruchsvollen Modellen beschäftigt, sie haben studiert und Diplome und Zertifikate erworben. Und dennoch ist es manchmal erschreckend, wie wenige vom Kennen ins Können kommen. Genau das wünsche ich mir für Sie. Können. Und deswegen immer wieder: erkennen, anerkennen, transformieren. Von der unbewussten Inkompetenz zur unbewussten Kompetenz. Dabei müssen Sie auch leiden und vergeben. Sich selbst und anderen. Und weiter nach vorne blicken. Das ist eine sehr anspruchsvolle Aufgabe. Wenn Sie wollen, bis an Ihr Lebensende.«

Nachdenkliche Stille füllte den Besprechungsraum. Bedächtig nickten die Anwesenden.

Inge Salm ergriff das Wort: »In der Tat, sehr anspruchsvoll. Wollen wir weitermachen? Wir haben wieder die nächsten fünf Module zusammengefasst. Und dank Ihrer Online-Lernwelt konnten wir die Inhalte noch wesentlich tiefer durchdenken und besser verstehen. Wollen Sie sich unsere Ergebnisse einmal anhören?« Louis Berg nickte. »Ich freue mich auf die Qualität Ihrer zusammenfassenden Worte«, sagte er lächelnd in Anspielung auf ihr früher ausgesprochenes Selbstlob. Alle lachten. Die Marketingvorständin verteilte die Zusammenfassung und las laut vor:

DIE ERSTE AUFGABE:

Den Unternehmenszweck erfüllen

Der Unternehmenszweck verbindet die Sinnhaftigkeit eines Unternehmens mit der Profitabilität. Er beschreibt die Wertschöpfungskette der Unternehmensidee, die am Ende mit Geld bemessen wird. Somit ist klar, wofür ein Leader von seiner Firma eingestellt wird: Leader setzen den Unternehmenszweck im Team um und mehren dadurch den Gewinn. Die beiden mentalen Gegenspieler sind *finanzielles Wachstum* und *geistiges Wachstum*. Ein Leader kann geistiges Wachstum in finanzielles Wachstum transformieren. Der Unternehmenszweck besteht aus dem Wesenskern (Vision), der Mission, den Leitsätzen und der Positionierung.

Der Wesenskern wirkt nach innen und beschreibt einen Idealzustand der Zukunft. Dadurch wird klar, wofür das Unternehmen steht und welchen Sinn es hat, dort zu arbeiten. Wodurch die Welt eine bessere wird. Der Wesenskern dient zur Identifikation der Mitarbeitenden.

Die Mission wirkt nach außen und richtet sich an die Kunden. Sie beschreibt, wie das Unternehmen von den Kunden gesehen werden will. Sie verdeutlicht, warum der Kunde dem Unternehmen vertrauen und loyal sein soll.

Die Leitsätze definieren die Anwendung der Führungsprinzipien. Sie sind die Leitplanken für die Umsetzung des Wesenskerns, der Mission und der Positionierung. Sie geben vor allem Führungskräften eine klare Orientierung.

Die Positionierung kann sich auf Menschen, Produkte oder ein ganzes Unternehmen beziehen. Sie soll eine besondere Anziehungskraft auslösen. Ein Leader konzentriert sich auf die Positionierung in seinem Einflussbereich.

DIE ZWEITE AUFGABE:

Systeme schaffen

Das ist die Königsfrage eines Leaders: »Wie mache ich mich überflüssig, während die Ergebnisse immer besser werden?« Deswegen hat er den Unterschied zwischen direkter und indirekter Führung in der Tiefe verstanden. Ihm ist bewusst, wann direkte Führung und wann indirekte Führung sinnvoller ist. Die große Leistung eines Leaders ist es, erfolgreiche Systeme so zu schaffen, dass diese unabhängig von Menschen funktionieren. Das erhöht den Unternehmenswert. Starke Systeme erkennen wir daran, dass nicht so talentierte Menschen dank der Systeme überdurchschnittliche Ergebnisse erzielen können.

Die beiden großen Gegenspieler sind *Menschen abhängig machen (gebraucht werden wollen)* und *Menschen unabhängig machen (nicht gebraucht werden wollen)*. Ein Unternehmen möchte unabhängig von einzelnen Menschen sein. Mitarbeitende möchten, dass das Unternehmen sie braucht, also abhängig von ihnen ist. Starke Leader können über sich selbst hinausdenken und machen sich gerne überflüssig.

Ein Leader macht sich in seinem Verantwortungsbereich durch die Entwicklung von Menschen und Systemen überflüssig, um andere Aufgaben zu übernehmen. Es geht um die Kunst, sich auf einer Wirkungsebene überflüssig zu machen, um auf der nächsthöheren Wirkungsebene wieder gebraucht zu werden.

Am Anfang einer Karriere als Leader steht die direkte Führung im Mittelpunkt. Mit der Zunahme von Verantwortung geht es immer mehr um indirekte Führung und damit um Systeme. Klare, nachvollziehbare Systeme geben Sicherheit und Orientierung.

Mit Systemen sind lernende Systeme gemeint. Keine starren, einengenden Systeme. Sie sind flexibel und passen sich dynamisch an. Sie sind keine Ausredenlieferanten für engstirniges Denken.

Um mit wirkungsvollen Systemen zu arbeiten, fragt der Leader zunächst: »Welche Prozesse benötige ich, um den Unternehmenszweck umzusetzen?« Dann entwickelt er passende, lernende Systeme. Als Nächstes definiert er die Ergebnisse, die er für die Systeme braucht. Und dann sucht er nach Mitarbeitenden, deren Stärken zu den Ergebnissen passen. Schließlich sollte ein Handbuch mit allen Prozessen und Systemen angelegt werden, damit neue Mitarbeitende sich schnell orientieren können.

DIE DRITTE AUFGABE:

Konsequent delegieren

Bevor du ein Leader wirst, dreht sich beim Erfolg alles um persönliches Wachstum. Nachdem du ein Leader bist, dreht sich beim Erfolg alles um das Wachstum anderer. Delegieren wird vom Bewusstsein getragen, damit Menschen zu entwickeln. Es bedeutet, mit der Hilfe anderer etwas zu erreichen. Delegieren ist die Kunst, Aufgaben so zu übergeben, dass der Leader mit der Qualität dessen, was zurückkommt, zufrieden ist. Delegation ist damit ein Prozess der Menschenentwicklung. Die Einstellung ›ich mache es lieber selbst‹ ist eine Bankrotterklärung an die eigenen Fähigkeiten, andere zu entwickeln. Die beiden großen mentalen Gegenspieler sind *Sachbearbeiter (ich will mich entwickeln, ich will es tun)* und *Führungskraft (andere sollen sich entwickeln, andere sollen es tun)*. Ein Leader ist zu fünfzig Prozent Führungskraft und behält fünfzig Prozent seiner Zeit für Unvorhergesehenes.

Delegieren heißt, Menschen bewusst zu fördern. Durch entwickelnde Fragen werden sie gefördert und zum Mitdenken angeregt. Durch klare Ansagen entsteht kurzfristige Orientierung. Beides kann je nach Kontext Sinn ergeben. Ein Leader sollte nur das selbst tun, was nur er selbst tun kann. Und das ist meistens etwas Unbequemeres. Alles andere sollten andere Mitarbeitende tun. Kluges Delegieren entscheidet über die Qualität einer Führungskraft. Dabei muss der Leader aufpassen, dass er nicht Aufgaben an Mitarbeitende delegiert, die dafür überqualifiziert sind. Er darf auch nicht zulassen, dass weiterdelegiert wird. Ein Leader wird sich immer wieder fragen, welche Arbeiten er delegieren kann und an wen. Dem jeweiligen Mitarbeitenden wird er seine Aufgabe in Form von messbaren Ergebnissen schildern, ihm die nötigen Vollmachten geben und einen Kontrolltermin setzen.

DIE VIERTE AUFGABE:

Die EOA (ergebnisorientierte Aufgabenbeschreibung)

Die ergebnisorientierte Aufgabenbeschreibung hilft Menschen und Organisationen dabei, aufgabenorientiertes Denken und Handeln in ergebnisorientiertes Denken und Handeln zu transformieren. Sie legt vor allem fest, welche messbaren Ergebnisse im Rahmen einer Aufgabe erzielt werden sollen. Voraussetzung dafür ist die Klarheit über den Verantwortungsbereich.

Der Mitarbeitende erarbeitet seine EOA selbst unter Absprache mit der Führungskraft. Dazu bedarf es meist mehrerer Durchgänge. Im ersten Schritt geht es um die Klarheit des Verantwortungsbereichs. Dann werden die zu erledigenden Aufgaben dem Verantwortungsbereich zugeordnet. Und schließlich werden die Aufgaben in eine verbindliche Ergebnissprache übersetzt.

Dem Leader ist bewusst, dass Menschen gelernt haben, hauptsächlich in Aufgaben zu denken. Ihm ist ebenfalls bewusst, dass die Transformation zum Ergebnisdenken große Versagensängste in Menschen auslösen kann. Deswegen kommt es bei der Umsetzung oft zu Widerständen. Der Leader versteht die Ängste und Sorgen und hilft bei deren Überwindung, indem er immer wieder die Sinnhaftigkeit der Ergebnisorientierung ins Bewusstsein ruft.

Die beiden großen Gegenspieler sind *Handlungsorientierung* und *Wirkungsorientierung*. Die meisten Menschen erhoffen sich Anerkennung für Anstrengung und Aktivität. Sind also handlungsorientiert. Es gilt zu verstehen, dass es zukünftig nur noch Anerkennung für Wirkung und Ergebnisse geben wird. Darum geht es im Kern bei der EOA. Außerdem sorgt die EOA dafür, dass Menschen so klare Ziele im Kopf haben, dass sie quasi auf Autopilot umschalten.

Die Gründe für mentale Ablenkungen im Alltag sind vielschichtig. Durch eine EOA konzentriert sich ein Mensch auf seinen Verantwortungsbereich und die darin zu erzielenden Ergebnisse. Er lässt sich immer weniger ablenken und wird sich seiner Wirkung immer bewusster. Damit erhöht er seine Selbstwirksamkeit und zieht mehr Befriedigung aus seiner Arbeit.

Eine EOA sorgt für Klarheit zwischen Leader und Mitarbeitendem. Ein Leader kann somit leichter die geeigneten Mitarbeitenden finden, besser und klarer kommunizieren sowie im positiven Sinne kontrollieren.

DIE FÜNFTE AUFGABE:

Positive Kontrolle

Kontrollsysteme leben von der Transparenz und der Akzeptanz in einer Organisation. Werden sie als Ausdruck von Misstrauen verstanden, entstehen Missverständnisse und Widerstände gegenüber der Kontrolle. Werden sie als Hilfe zur Zielerreichung verstanden, sind sie ein wertvoller Wegweiser.

Dem Leader ist bewusst: Wer Kontrolle ausübt, hat eine gewisse Form von Macht über andere. Dies empfindet er als besondere Verantwortung. Er benutzt diesen Einfluss niemals, um andere klein zu machen oder seine Überlegenheit auszudrücken. Er benutzt sie als Hilfe zur Zielerreichung. Haben Mitarbeitende in der Vergangenheit negative Erfahrungen mit Kontrolle gemacht, so ist es seine Aufgabe, die unterschiedlichen mentalen Haltungen sichtbar zu machen und zu einer produktiven Sichtweise einzuladen.

Kontrolliert wird *objektiv* und *subjektiv*. Das sind auch die beiden Gegenspieler, die es zu transformieren gilt. Objektivität wird durch verschiedene Formen von Kennzahlen erreicht. An der Verbesserung dieser Kennzahlen wird ständig gearbeitet. Trotzdem wird es nie eine hundertprozentige Objektivität durch Zahlen geben. Dem Leader ist bewusst, dass alle Zahlen auch interpretiert werden müssen. Deswegen ist dem Leader auch seine Subjektivität klar. Je bewusster ihm seine Subjektivität wird, umso objektiver wird er kontrollieren.

Ein Leader hat es gelernt, objektive und subjektive Kontrolle in Einklang zu bringen. Er hat seinen Mitarbeitenden dieses Spannungsfeld erklärt und sie darüber informiert, wie er kontrollieren wird. Transparenz und Kontrolle werden vom Leader gelebt und geliebt. Je mehr er selbst Kontrolle als Hilfe zur Zielerreichung versteht, desto mehr schätzen es seine Mitarbeitenden, kontrolliert zu werden.

Kontrolle ist Vertrauensbildung.

Inge Salm legte die Blätter auf den Tisch und blickte gespannt zu Louis Berg. Als dieser zustimmend in die Hände klatschte, entspannte sich Frau Salm sichtbar. Louis Berg sagte: »Ich bin begeistert, und zwar aus zwei Gründen: Einmal ist Ihnen eine wirklich hervorragende Zusammenfassung gelungen. Alle wichtigen Punkte der fünf Aufgaben sind enthalten. Eine solche Zusammenfassung ersetzt natürlich nicht die vollständigen Module und das Workbook aus der Online-Lernwelt. Denn erst wenn jemand die Ergebnisse in der Anwendung und Umsetzung erlebt, wird er die Zusammenfassung vollkommen verstehen. Aber Sie haben bewiesen, dass Sie verstanden haben, worauf es ankommt. Außerdem können Sie diese Blätter bei Bedarf schnell überfliegen. Die Zeit, die Module immer wieder online durchzuarbeiten, ist ja oft nicht gegeben.«

Die Leader nickten. Louis Berg fuhr fort: »Ich werde Ihnen außerdem noch ein Kartenset zu den Modulen geben. Dort finden Sie ebenfalls eine kurze Übersicht, die die Inhalte des Online-Workbooks verdichtet. Insgesamt haben Sie also vier Optionen, um sich auf Ihre Aufgaben vorzubereiten. Ist die Zeit knapp, überfliegen Sie Ihre Zusammenfassung. Wenn Sie sich auf eine konkrete Aufgabe vorbereiten, lesen Sie die jeweilige Karte aus dem Kartenset. Von Zeit zu Zeit lesen Sie die ausführliche Erläuterung der Module. Und wenn Sie ganz intensiv eintauchen wollen, gehen Sie in die Online-Lernwelt. Sie werden jedes Mal etwas Neues entdecken.«

Louis Berg lächelte schelmisch: »Doch ich freue mich noch aus einem ganz anderen Grund. Ich plane ein Buch über unsere Treffen und über alles, was ich Ihnen erzählt habe. Dabei bin ich an einem Problem hängen geblieben: Ich will nicht nur den Kopf meiner Lesenden ansprechen, sondern auch ihr Herz. Darum schreibe ich mein Buch in Form einer, in Form meiner Geschichte. Würde ich die Module in Ratgeberform umfänglich abhandeln, würde ich die Lesenden vermutlich emotional nicht erreichen. Deswegen würde ich lieber zuerst meine Geschichte erzählen und den Lesenden anschließend Gelegenheit geben, in der Online-Lernwelt tief in die Module einzutauchen. Frau Salm, Sie haben mir nun mit der Zusammenfassung der fünf Aufgaben die beste Lösung gezeigt: Ich überlasse den Lesenden die Entscheidung. Sie können zuerst die Geschichte lesen und sich, was das Leading-Simple-System betrifft, zunächst mit den Kurzfassungen auf den Kärtchen begnügen. Wer es gleich genau wissen will, der kann parallel schon online starten. Und vielleicht zudem die Arbeitskarten ansehen und danach die Geschichte weiterlesen. Frau Salm, ich danke Ihnen für diese Lösung.« Inge Salm griff sich sichtlich vor Stolz an ihre Nase. Dann sagte sie: »Wir haben noch etwas getan. Wir haben die Fragen notiert, die wir nicht beantworten können. Soll ich sie vorlesen?«

»Ich bitte darum«, antwortete Louis Berg. »Ich freue mich, dass Sie sich so gründlich auf unser Treffen vorbereitet haben.« Frau Salm sagte fast entschuldigend: »Einer von uns hat Zweifel, dass dies schon *alle* Führungsaufgaben sein sollen. Muss ein Leader zum Beispiel nicht auch Visionen vermitteln und motivieren?

Die zweite Frage: In den Modulen wird immer wieder die Wichtigkeit von Systemen betont. Werden Menschen durch solche starren Systeme nicht zu Robotern? Und besteht nicht die Gefahr, Mitarbeitende zu überfordern? Was ist, wenn jemand diesem System nicht folgen will? Und zum Schluss eine Frage von mir: Wann sollen wir beginnen? Es dauert doch lange, bis wir das System perfekt beherrschen.«

Die Fragen zeigten Louis Berg, dass sich die Führungscrew der Gruber AG sehr ernsthaft mit den Modulen auseinandergesetzt hatte. Seine Freude darüber war nicht zu übersehen. Dann schlug er vor: »Möchten Sie eine Firma kennenlernen, deren Führung auf diesen fünf Aufgaben basiert? Dort können Sie die Antworten auf Ihre Fragen finden. Einige Leader dort haben sich vor einiger Zeit mit ähnlichen Fragen beschäftigt. Darum können sie Ihnen wertvolle Hilfen geben.« Natürlich wollten sie auch diese Firma kennenlernen. »Gut. Ich schlage vor, wir treffen uns das nächste Mal um Viertel nach zwei im Konferenzraum der Firma Eisen & Co. Man wird Sie dort bereits erwarten. Die genaue Adresse habe ich Ihnen gemailt. Bitte planen Sie für die Fahrt ungefähr eineinhalb Stunden ein: Sie werden wieder eine einzigartige Firma mit äußerst kompetenten Leadern erleben.«

Unterscheidungen aus dem letzten Kapitel:

1. Kennen / Können
2. Erkennen / Anerkennen / Transformieren
3. Unbewusste Inkompetenz / Bewusste Inkompetenz
4. Bewusste Kompetenz / Unbewusste Kompetenz
5. Den Unternehmenszweck erfüllen
6. Systeme schaffen
7. Konsequent delegieren
8. Ergebnisorientierte Aufgabenbeschreibung
9. Positive Kontrolle
10. Mentale Gesundheit
11. Höher – Schneller – Weiter / Flexibler – Klarer – Tiefer
12. Direkte Führung / Indirekte Führung

In diesem Video aus der Online Lernwelt beantwortet Boris Grundl folgende Frage:

Warum ist ein klares Verständnis der Führungsaufgaben so wichtig?

https://www.grundl-institut.de/aufgaben

Für mehr Inspirationen folgen Sie Boris Grundl auf:

9. Wie entsteht Motivation von innen?

Die fünf Vorstandsmitglieder der Gruber AG trafen pünktlich bei Eisen & Co. ein. Sie wurden in den Konferenzraum geführt. Sofort fiel ihnen ein ziemlich schräger Stoffaffe auf, der auf dem Präsentationsmonitor saß. Das Plüschtier erinnerte sie an das Modul zum *konsequenten Delegieren*. Dort wurden Aufgaben mit Affen verglichen. Jeder war für seine eigenen Affen verantwortlich. Einem Mitarbeiter oder einer Mitarbeiterin zu helfen bedeutete nicht, dessen / deren Affen zu übernehmen. Viele Vorgesetzte können nicht konsequent delegieren, darum sind sie ständig überarbeitet. Alle fünf hielten das Stofftier auf dem Monitor für eine gute Gedächtnisstütze. Dann kamen Louis Berg und eine etwa vierzigjährige Frau herein, die offen, menschlich und gleichzeitig bestimmt wirkte. »Aha. Distanzierte Nähe«, murmelte Gottfried Zucker in Richtung Eberhardt Wehrlich. Sie hatte offensichtlich gute Laune und begrüßte sie freundlich: »Ich bin Sabine Mattis, die Geschäftsführerin dieser Firma. Herzlich willkommen. Freunde von Louis Berg sind auch meine Freunde. Unser Unternehmen hat ihm viel zu verdanken. Vor einiger Zeit hatten wir eine gewaltige Krise. Glücklicherweise lernte ich damals Louis kennen, der mir dann die fünfzehn Module vermittelt hat. Ohne ihn gäbe es uns heute nicht mehr. Ich kann Ihnen gar nicht sagen, wie dankbar ich ihm bin.«

Manuela Herzlich fragte verwundert: »Sie meinen, Leading Simple hat Sie vor dem Konkurs gerettet? Aber hier geht es doch nur um Führung. Wie kann ein Führungssystem über Sein und Nichtsein eines ganzen Unternehmens entscheiden? Ihre Firma scheint nicht gerade klein zu sein.« Sabine Mattis lächelte freundlich: »Wir haben über 7000 Angestellte, es ist jedoch keine Frage der Größe. Heute verändert sich alles sehr schnell. Kaum ist das Personal fachlich gut eingearbeitet, da kommen schon neue Verfahren auf den Markt. Fachliche Kompetenz ist zwar immer noch eine wichtige Voraussetzung, macht aber nicht mehr den *Unterschied*. Innovationen, Marketingstrategien, alles wird innerhalb von wenigen Monaten von der Konkurrenz kopiert.

Den Unterschied machen heute die *Menschen*. Die Unternehmen, denen es gelingt, *konsequent auf Stärken zu setzen*, haben die Nase vorne. Und nur ein System wie Leading Simple ermöglicht, Stärken zu erkennen und konsequent zu fördern.« »Jetzt verstehe ich den roten Faden in den Modulen«, warf Manuela Herzlich aufgeregt ein. »Es geht darum, die Stärken von Menschen zu finden und zu fördern.« »Nicht nur von Menschen«, ergänzte die Geschäftsführerin. »Es geht auch darum, die Stärken des Unternehmens herauszufinden, seine stärksten Produkte, seine besten Systeme, seine Positionierung. Dabei ist immer Leading Simple der Schlüssel. Ohne ein solches Führungssystem bleibt die Entdeckung und Förderung von Stärken – und damit die Wirkung – dem Zufall überlassen. Ich glaube, das wird alles viel klarer, wenn Sie auch noch die fünf Module über die Hilfsmittel erhalten.«

Vom Gang her drangen plötzlich laute Schreie in den Konferenzraum. Es klang wie der Jubel nach einem Tor. Dann ertönte lauter Gesang. Tatsächlich, irgendjemand sang laut und nicht besonders schön. Die Leitenden der Gruber AG schauten Sabine Mattis fragend an. Aber die schien überhaupt nicht irritiert. Im Gegenteil, sie grinste breit. Auch Louis Berg schien nicht überrascht. Frau Mattis bat, den Sänger in den Konferenzraum zu bringen. Der kam auch sofort, es handelte sich um einen kleinen, untersetzten Mann. Man sah ihm an, dass er nur schwer davon Abstand nehmen konnte, weiterzusingen. Die Geschäftsführerin bat ihn, sich vorzustellen.

»Gern«, sprudelte es aus dem Mann heraus, der sich als Ulli vorstellte. »Das Leben ist schön. Wuuunderschööööön.«

Sabine Mattis fand, dass sie es vielleicht besser übernehmen sollte, sein Verhalten zu erklären: »Also, der Ulli hatte eine Idee, die der Firma viel Geld spart. Dafür hat er einen Bonus von 5900 Euro bekommen, und das hat er gerade erfahren. Wir sind stolz auf ihn.« Kaum hatte Ulli den Raum verlassen, hörte man ihn draußen wieder singen.

Eberhard Wehrlich zeigte Verständnis: »Wenn ich 5900 Euro bekommen würde, dann würde ich auch singen.«

»Oh, oh … ich glaube, so ein System hat nicht nur Vorteile«, unkte

Gottfried Zucker. »Aber im Ernst, als Finanzvorstand muss ich fragen: Sollte sich eine Firma so großzügige Belohnungen leisten?«

Sabine Mattis erklärte geduldig: »Durch Ullis Idee spart die Firma pro Jahr 59 000 Euro. Da fällt es uns nicht schwer, ihm zehn Prozent dieser Summe zu geben. Und was glauben Sie, wie er und seine Kollegen sich jetzt ins Zeug legen, um weitere Einsparmöglichkeiten zu finden!«

»Sie tun tatsächlich alles, was in den Modulen vermittelt wird?«, fragte Alfred Specht. Sabine Mattis antwortete ernst: »Alles, aber auch *nicht mehr*. Das System ist in sich vollständig. Ich kenne viele Unternehmen, die sich mit immer neuen Ansätzen und Managementmodellen verzetteln. Sie wollen sich durch Neues oberflächlich inspirieren lassen und nicht durch die Ergebnisse von Umgesetztem. *Viel Kennen an der Oberfläche, wenig Können in der Tiefe*. Louis sagte mir, dass Sie einige Fragen aufgeschrieben haben. Ich freue mich auf Ihre Fragen und beantworte sie gern.« »Sie sind bereits bei unserem ersten Thema«, warf Gottfried Zucker ein: »Muss man als Leader nicht doch *mehr* tun, als nur diese fünf Aufgaben zu erfüllen? Sollte man nicht Visionen vermitteln und motivieren?«

»Ich werde gleich auf Visionen und Motivation eingehen«, versicherte die Geschäftsführerin. »Aber erlauben Sie mir ein Wort zuvor. Die meisten Menschen wollen ein System nur annehmen, wenn es furchtbar kompliziert erscheint. Das ist vollkommen falsch. Das genaue Gegenteil ist richtig: *Ein gutes System muss einfach sein*. Haben Sie eine Vorstellung, warum?« Manuela Herzlich sagte impulsiv: »Weil nur ein einfaches System duplizierbar ist. Ein System, das nicht alle verstehen, ist überhaupt kein System, sondern graue Theorie.« Frau Mattis gab ihr recht und ergänzte: »Und irgendjemand muss sich Arbeit damit machen – entweder die Anwender einer Idee, weil sie nicht vereinfacht wurde, oder der Erfinder, indem er so lange vereinfacht, bis ein System entstanden ist, das *jeder* anwenden kann. Wenn eine Idee nicht ausreichend vereinfacht wurde, ist sie noch nicht ausreichend durchdacht.«

Manuela Herzlich verdrehte die Augen: »Dazu fällt mir ein Beispiel ein. Fast alle Gebrauchsanweisungen sind wenig hilfreich und für Laien kaum verständlich. Sie sind nicht ausreichend durchdacht und damit hat der Kunde die Mühe. Ich habe vor Kurzem fast drei Stunden gebraucht, um einen Tisch für meinen Sohn zusammenzubauen.« Alle mussten lachen.

Die Geschäftsführerin von Eisen & Co. ergriff wieder das Wort: »Trotzdem möchte ich Sie warnen. Leading Simple ist zwar leicht zu verstehen, jedoch nicht leicht umzusetzen. Das hat zwei Gründe. Erstens haben Sie es mit Menschen mit unterschiedlichem Bewusstsein zu tun. Menschen sind sehr verschieden, und viele Situationen sind verschieden. Zweitens benötigen Sie die Konsequenz des *ständigen Neuanfangs*. Deswegen: Nutzen Sie die Online-Lernwelt. Nicht nur am Anfang, sondern die nächsten Jahre. Das machen wir auch heute noch. Es gibt darin so viel zu entdecken.

Zu viele halten sich schon für Experten, bevor sie etwas vollkommen umgesetzt haben. Doch zurück zu Ihrer Frage: Ja, das System ist *vollständig*. Das können Sie eindeutig erkennen, wenn Sie das ganze System kennen. Louis, es stimmt doch, dass sie die Hilfsmittel noch nicht kennen?« Louis Berg nickte.

Sabine Mattis fuhr fort: »Kommen wir zu den Visionen. Bei *allem*, was wir tun, haben wir bei den Mitarbeitenden unseren Markenkern, die Vision, im Auge. Bei unseren Kunden die Mission. Der Unterschied ist wichtig. Das ergibt sich aus der ersten Aufgabe. Wir sollen den Unternehmenszweck kennen und erfüllen, allerdings betrifft das jeden, nicht nur die Leader.«

Eberhard Wehrlich fragte: »Kann man sagen, wenn ein Einzelner von Visionen erzählt, ist das lange nicht so wirkungsvoll, wie wenn alle Mitarbeitenden sich an der Vision, dem Markenkern orientieren?«

»Stimmt genau«, nickte Sabine Mattis.

»Es funktioniert nicht, dass ein Mann auf einem weißen Pferd durch die Firma reitet und allen eine Vision schenkt. Wenn die Vision dann nach einiger Zeit in den Köpfen der Mitarbeitenden verblasst, steigt er wieder auf sein weißes Pferd. Wer so führt, erzeugt Abhängigkeiten.« Ihre Zuhörer waren beeindruckt, wie klar sie sich ausdrückte. Herr Wehrlich notierte:

Die Vision der Firma zu beachten ist nicht die Aufgabe eines Einzelnen, sondern die aller Beschäftigten. Wer den Unternehmenszweck kennt und erfüllt, behält die Vision automatisch im Auge.

Nachdenklich bat Manuela Herzlich: »Ich verstehe das. Aber können Sie uns einen Tipp geben, wie wir es schaffen, dass alle Mitarbeitenden die Vision der Firma im Auge behalten?«

»Das ist in der Tat nicht von heute auf morgen zu erreichen«, räumte Sabine Mattis ein. »Mit dem Kopf ist eine Vision schnell nachzuvollziehen. Doch wenn Ihre Mitarbeitenden die Vision auch emotional erfassen sollen, damit sie sich wirklich identifizieren, ist mehr notwendig. Dann sollten Sie zwei wichtige Fragen beantworten können.«

Gespannt blickten die fünf die Frau an. Sie stand auf und schrieb an das Flipchart:

Was trägt deine Firma dazu bei, dass die Welt ein besserer Ort wird?

Verdutzt sahen ihre Zuhörer einander an. Inge Salm fasste sich als Erste: »Das ist aber eine schwere Frage. Wie beantworten Sie die denn in Ihrer Firma Eisen & Co?«

Sabine Mattis' Augen leuchteten: »Ohne Eisen geht gar nichts. Kein Haus könnte gebaut werden. Kein Auto, kein Flugzeug – ja keine Maschine hergestellt werden. Denken Sie das Eisen weg und es gibt keinen Fortschritt. Deswegen stehen wir morgens nicht auf und gehen arbeiten. Wir stehen auf und ermöglichen Menschen ein lebenswertes, angenehmes Dasein. Mal sind wir uns dessen mehr, mal weniger bewusst. Wichtig ist, dass wir uns gegenseitig immer wieder dran erinnern.«

»Wow«, entfuhr es Eberhard Wehrlich. »Das stimmt wirklich. Man spürt, dass Sie das leben. Sie machen die Welt zu einem besseren Ort.«

»Gilt das für jede Firma? Kann jede Firma diese Frage positiv beantworten?«, erkundigte sich Inge Salm. Die Geschäftsführerin antwortete: »Es gibt ganz wenige Branchen, die nicht stolz auf sich sein können. Für die meisten gilt: Man muss nur nachdenken. Und vor allem, es nicht zu kompliziert machen. Dabei geht es um *die Wirkung* der Produkte für den Kunden. Um sein Erleben. Diesem dienen wir. Dann begreift man, dass fast nichts sinnlos ist. Formulieren und aufschreiben reicht nicht; das ist nur der erste Schritt. Das wirkliche Empfinden und Vorleben der Sinnhaftigkeit ist entscheidend.«

Nun wandte sich Louis Berg an die Gruber-Führungscrew: »Es ist Ihre Aufgabe als Leader, diese Frage zu beantworten. Liefern Sie Ihren Mitarbeitenden Argumente, warum Ihre Firma die Welt verbessert. Und dann helfen Sie ihnen mit der zweiten, entscheidenden Frage.« Sabine Mattis schrieb sie auf das Flipchart:

Was ist mein Anteil daran, dass die Welt ein besserer Ort wird?

Louis Berg fuhr fort: »Wenn Ihre Mitarbeitenden verstehen, warum die Welt durch diese Firma zu einem besseren Ort wird, können sie entscheiden, ob sie sich damit identifizieren wollen. Und wenn sie diese bewusste Entscheidung treffen, dann werden sie stolz auf ihr Unternehmen sein. Wenn sie begreifen, wie wichtig ihr persönlicher Job ist, damit die Welt durch die Firma zu einem besseren Ort wird, dann entwickeln sie Stolz. Stolz auf sich selbst. Stolz auf die Firma.«

Inge Salm brachte es auf den Punkt: »Der Zweck eines Unternehmens ist es, Gewinn zu erwirtschaften. Dazu muss jeder im Betrieb seinen Beitrag leisten. Das fällt allen viel leichter, wenn sie verstehen, dass erstens die Welt durch ihre Firma zu einem besseren Ort wird und zweitens, wie wichtig ihr eigener Anteil daran ist. Wem diese beiden Punkte bewusst sind, der trägt die Vision seiner Firma in seinem Herzen.«

Sabine Mattis nickte bestätigend: »Das haben Sie vortrefflich zusammengefasst. Wer die Vision seiner Firma in sich trägt, der ist Teil der Firma geworden. Er empfindet einen tiefen Sinn. So jemanden muss niemand mehr persönlich motivieren.«

Und Alfred Specht ergänzte: »Ich bin mir nicht sicher, ob es passt. Aber mir fällt die Geschichte von Alice im Wunderland ein. Die Katze fragt Alice: ›Wohin gehst du?‹, das Mädchen antwortet: ›Weiß nicht!‹ Worauf die Katze sagt: ›Dann ist es egal, welchen Weg du nimmst!‹ Das heißt für mich: Jeder Mitarbeitende muss die Vision und die Mission seiner Firma kennen, sonst kann er seinen Weg nicht finden.«

Die Geschäftsführerin fand das Beispiel sehr treffend. Dann kam sie zum nächsten Punkt: »Da wir gerade über Motivation sprechen: Sie kann nur durch *Worte* oder durch *Worte und Handlungen* erfolgen. Was glauben Sie wohl, was wirkungsvoller ist? Im Kern geht es um einen entscheidenden Punkt: *Klarheit. Maximale Klarheit in allem, was wir tun.* Das tun wir nicht zufällig und sporadisch, sondern *systematisch*. Wir ringen jeden Tag darum. Klarheit, immer wieder Klarheit. Es ist einfach unglaublich, wie sehr Klarheit Menschen motiviert.

Das ist jedoch noch nicht alles: Dabei erfüllen wir gleichzeitig den Unternehmenszweck – unsere erste Aufgabe. Wie wir gerade besprochen haben, motiviert es unsere Mitarbeitenden, Teil einer fantastischen Firma zu sein. Und so kann ich mit den anderen drei Aufgaben fortfahren. Im Ergebnis heißt das: Wir glauben, dass Motivation sich aus allen fünf Aufgaben ergibt.«

Sie sah zu Louis Berg hinüber. Dieser nickte bekräftigend und sagte:

»Viele Modelle geistern durch die Managementliteratur. Oft handelt es sich um leere Worthülsen. Tausende von Managern versuchen, blanke Theorien ohne Sinn und Praxisbezug umzusetzen. Dabei versäumen sie es, das wirklich Wichtige zu tun: nämlich die fünf Aufgaben zu erledigen. Sie haben hier ein vollständiges System, der Erfolg wird Sie begeistern.«

Sabine Mattis fiel ihm ins Wort: »Und wie er begeistert. Wir wollten zunächst nur unsere Firma retten, aber inzwischen sprudeln die Gewinne. Ich glaube, Sie haben noch weitere Fragen. Doch heute ist

Mittwoch, und jetzt ist es kurz vor drei. Da habe ich immer meine persönlichen Gespräche terminiert. Ich darf meine Mitarbeitenden nicht warten lassen – sie haben ein Recht auf pünktliches Feedback. Sie ahnen übrigens nicht, wie sehr auch *das* motiviert. Ich werde Herrn Lustig bitten, zu Ihnen zu kommen. Er ist mein Stellvertreter und sehr kompetent, Ihre Fragen zu beantworten.« Sie verabschiedete sich und verließ den Raum.

Unterscheidungen aus dem letzten Kapitel:

1. Stärken erkennen / Stärken fördern
2. Distanz / Nähe
3. Offenheit / Tiefe
4. Vision / Mission
5. Klarheit

In diesem Video aus der Online Lernwelt beantwortet Boris Grundl folgende Frage:

Wie motiviere ich mich nachhaltig?

https://www.grundl-institut.de/motivation

Für mehr Inspirationen folgen Sie Boris Grundl auf:

10. Welchen Wert haben Systeme?

Bald darauf erschien Herr Lustig. Man sah ihm den Profisportler an, der er einmal gewesen war: Er war mindestens zwei Meter groß, ein echter Hüne, offensichtlich immer noch durchtrainiert, und er schien vor Energie zu platzen. Als er Louis Berg sah, umarmte er ihn herzlich. Es war schon erstaunlich, wie viele Menschen diesen Mann im Rollstuhl respektierten und mochten.

Louis Berg wandte sich an die Vorstandsmitglieder der Gruber AG:

»Sie haben großes Glück. Niemand kann Ihre zweite Frage besser beantworten als Manfred Lustig.« Der kam gleich zur Sache, das schien so seine Art zu sein: »Welche Frage darf ich Ihnen beantworten?«

Alfred Specht musterte ihn zunächst eingehend: »Die Module betonen Systeme so stark. Wir fragen uns: Werden Menschen durch Systeme nicht zu Robotern?«

Herr Lustig lachte dröhnend. »Ich war Volleyballprofi, und gar kein schlechter. Unser Spiel lebte vom System. Trotzdem mussten wir flexibel sein, wenn etwas Unvorhergesehenes geschah. Wer kein System hat, bei dem regiert das Chaos, und wer ein System hat, muss dennoch flexibel bleiben. Allerdings gibt es eine wichtige Unterscheidung: Wir sprechen von Systemen, nicht von Regeln. Starre Regeln schaffen Roboter.«

»Ich verstehe den Unterschied nicht ganz«, hakte Herr Wehrlich nach.

Manfred Lustig erklärte: »Die Frage ist: Wem dient das System? Sich selbst oder einem Ergebnis? Sind wir Herr oder Sklave des Systems? Sind wir Sklave des Systems, werden die Regeln um der Regeln willen eingehalten. Sind wir Herr des Systems, dient es unserer Entwicklung. Bei Systemen geht es darum, Ergebnisse zu erzielen. *Ergebnisse sind das*

Ziel, die Systeme sind der Weg dorthin.« Nach einer kurzen Pause ergänzte er: »Systeme bilden den Boden für Ergebnisse, nicht die Decke.«

»Darf ich eine Frage stellen, die nicht auf dem Blatt steht?«, platzte Manuela Herzlich heraus. Ohne eine Antwort abzuwarten, fuhr sie fort: »Wir hören die ganze Zeit davon, wie wichtig Systeme sind. Und vieles davon habe ich auch verstanden: Nur Systeme kann man duplizieren, sie führen eine Idee zum Erfolg, sie sind von Personen unabhängig, Systeme kann jeder verstehen usw. Aber irgendwie habe ich das Gefühl, mir fehlt *noch etwas Entscheidendes* für mein Verständnis.«

Manfred Lustig sprang auf: »Ich danke Ihnen für diese Frage, sie berührt mein Lieblingsthema. Es ist in der Tat äußerst wichtig, die Bedeutung von Systemen *genau* zu verstehen. Ich will es Ihnen aus einem anderen Blickwinkel erklären. Dazu eine Frage: Was halten Sie für die entscheidende Voraussetzung von Vertrauen?«

Eberhard Wehrlich meldete sich: »Das ist doch klar: eine hervorragende Leistung.«

»Ich weiß nicht«, entgegnete Alfred Specht. »Eine gute Leistung schafft nur so lange Vertrauen, solange sie immer wieder erbracht wird. Also reicht Leistung allein nicht aus. Sie muss *beständig* sein.« Manfred Lustig klopfte Herrn Specht anerkennend auf die Schulter. Sofort lief dieser dunkelrot an. Herr Lustig sah ihn besorgt an, doch Manuela Herzlich erklärte schnell: »So sieht er immer aus, wenn er sich freut.«

»Okay«, sagte Manfred Lustig, aber er wirkte immer noch skeptisch. »Die Antwort war jedenfalls Gold wert, so wichtig wie olympisches Gold. Das war das entscheidende Stichwort: Die Voraussetzung für Vertrauen ist *Beständigkeit. Es wird zuverlässig geliefert. Immer wieder.* Sie dürfen Menschen nicht enttäuschen, weder Ihre Kundschaft noch Ihre Mitarbeitenden. Jene erwarten von Ihnen eine *beständige* Leistung, diese wollen *beständig* ihre Erwartungen erfüllt sehen.«

»Ich glaube, das stimmt«, sagte Eberhard Wehrlich. »Ich esse gern, wie man sieht. Es gibt fünf Restaurants in unserer Nähe, davon besuche ich seit einiger Zeit nur noch drei. Der Grund: Die Qualität des Essens verdient bei diesen drei zwar keine Höchstpunktzahl, sondern entspricht nur gutem Durchschnitt. Aber den Standard erfüllen sie *immer*. Bei den anderen zwei Restaurants ist es eher Glückssache, wie es an einem bestimmten Tag schmeckt. Je nachdem, welcher Koch gerade da ist oder wie der dann gerade drauf ist. Auf solche Überraschungen habe ich keine Lust.«

Manfred Lustig breitete beschwörend die Arme aus: »Jetzt haben wir also den Matchball, den Punkt, der alles entscheidet.« Und er notierte ans Flipchart:

Durch beständiges Liefern entsteht Vertrauen.

Dann fuhr er fort: »Das ist im Umgang mit Kindern so, in der Partnerschaft, mit Kunden und Mitarbeitenden. Wenn Beständigkeit so wichtig ist, dann müssen wir überlegen, wie wir diese Beständigkeit *garantieren* können. Sie ahnen die Antwort bereits, nicht wahr?«

Manuela Herzlich tippte sich an die Stirn: »Na klar. Um beständig sein zu können, brauchen wir ein System.«

Manfred Lustig bekräftigte feierlich:

»Nur funktionierende Systeme sorgen dafür, dass beständig eine bestimmte Minimumleistung geliefert wird.«

Dann erläuterte er seinen Gedanken. »Man kann ohne Übertreibung sagen: Der erste Verkauf ist eine Vertriebsleistung, der Folgekauf eine Systemleistung. Ein Kunde kauft nur dann wieder bei Ihnen, wenn er darauf vertraut, dass Sie regelmäßig eine gewisse Leistung erbringen.«

Nun schaltete sich Eberhard Wehrlich ein: »Ich versuche das einmal mit meinen Worten zu sagen. Unsere Kunden und unsere Mitarbeitenden vertrauen uns langfristig nur, wenn wir wirkungsvolle Systeme haben. Denn nur Systeme gewährleisten ein Mindestmaß an Beständigkeit. Ohne Beständigkeit geht Vertrauen verloren. Das bedeutet wiederum, dass wir mit niemandem zusammenarbeiten können, der nicht mit unserem System arbeiten will. Wir könnten keine Beständigkeit garantieren und würden Gefahr laufen, Vertrauen zu verlieren. Und ein funktionierendes System erkennen wir daran, dass weniger talentierte Mitarbeitende eine weit überdurchschnittliche Leistung erbringen können.«

Starke Systeme sorgen dafür, dass weniger talentierte Menschen überdurchschnittliche Ergebnisse liefern können.

Louis Berg und Manfred Lustig nickten. Dann sagte der Zwei-Meter-Mann: »Ich habe vor einiger Zeit von Louis ein Kärtchen bekommen. Darauf ist der Wert von Systemen übersichtlich zusammengefasst. Sehen Sie.«

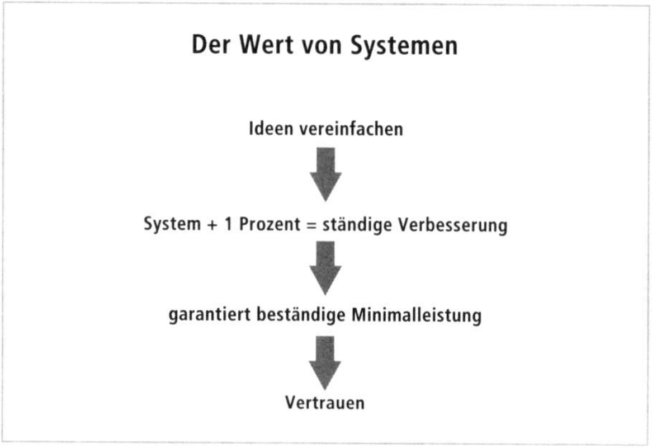

Als alle das Kärtchen gelesen hatten, meldete sich Inge Salm: »Die Übersicht ist sehr hilfreich. Aber als Marketingexpertin suche ich immer einen Slogan. Erst ein guter Slogan zeigt mir, dass ich etwas vollkommen verstanden habe. Was halten Sie von ›Leading Simple schafft Vertrauen‹?«

Alle fanden den Slogan treffend und gratulierten ihr.

Manuela Herzlich bedankte sich überschwänglich bei dem ehemaligen Volleyballspieler. Aber auch die anderen hatten es zum ersten Mal wirklich verstanden: *Mitarbeitende vertrauen, weil ihnen Systeme Orientierung geben. Kunden vertrauen, weil beständig geliefert wird.*

Unterscheidungen aus dem letzten Kapitel:

1. Beständigkeit / Vertrauen
2. Systeme / Vertrauen
3. Systeme / Regeln
4. Sklave / Herr

In diesem Video aus der Online Lernwelt beantwortet Boris Grundl folgende Frage:

Wie erhöhen Systeme den Unternehmenswert?

https://www.grundl-institut.de/system

Für mehr Inspirationen folgen Sie Boris Grundl auf:

11. Wann und wie beginnen?

Nach einer Weile fiel der Führungscrew der Gruber AG die dritte und letzte ihrer Fragen wieder ein. Alfred Specht stellte sie: »Wir wissen noch nicht, wann und wie wir beginnen sollten. Wir denken, dass es noch lange dauert, bis wir das System perfekt beherrschen. Insbesondere wenn die Beständigkeit so wichtig ist, wie wir gerade gelernt haben.«

Manfred Lustig entgegnete daraufhin: »Wissen Sie, wie ich mich auf mein erstes Länderspiel vorbereitet habe? Gar nicht. Denn ich war vorbereitet. Die Basis passte. Und das sind die Prinzipien. Der körperliche und mentale Fitnesszustand. Der stimmte. Und das trainieren Sie ja schon. Das ist die Grundlage, die Voraussetzung. Und an diesen Prinzipien kann jeder jeden Tag selbstständig trainieren. Also bekam ich einen Anruf vom Nationaltrainer, und er sagte: ›Herr Lustig, Sie spielen morgen. Bitte reisen Sie sofort ins Mannschaftslager.‹ Natürlich habe ich mich gefreut. Allerdings hätte ich mich lieber noch einige Monate vorbereitet. Ich teilte die Bedenken meinem Coach mit. Er zitierte einen alten Satz: ›Es gibt Dinge, die wir lernen müssen, *bevor* wir sie tun können, und wir lernen sie, *indem* wir sie tun.‹«

Die fünf warfen einander vielsagende Blicke zu, erinnerten sie sich doch daran, dass Louis Berg diesen Satz auch schon zitiert hatte. Ihnen dämmerte allmählich, wie zentral der Satz von Aristoteles ist.

Manfred Lustig fuhr fort: »Mein Coach schob noch ein anderes Zitat nach – das geht in etwa so: ›*Zu wissen, was man tun müsste, und es nicht zu tun, ist Feigheit.*‹ Mit diesen zwei Sätzen bin ich dann zu dem Länderspiel gefahren. Ich kannte alles: die Techniken und die Systeme. Aber ich zögerte noch. Warum? Weil es menschlich ist. Wir neigen dazu, aus *Perfektionismus zu zögern, statt einfach fehlerhaft zu beginnen*. Es ist leichter, sofort anzufangen, als Sie jetzt vielleicht denken. Denn Sie haben wichtige Verbündete – *Ihre Mitarbeitenden.* Setzen Sie sich doch im erweiterten Führungskreis zusammen und informieren Sie sie darüber. Dann werden sie genau wissen, womit sie anfangen. Denn jede Firma ist anders. Ihre Entschlossenheit zur Umsetzung und Ihr Instinkt werden Sie führen und leiten.«

»Unsere Mitarbeitenden?«, entfuhr es Gottfried Zucker. »Die habe ich noch nie als Verbündete gesehen.«

»Das merkt man auch sofort«, warf Inge Salm spitzlippig ein. Manfred Lustig fuhr unbeirrt fort: »Sagen Sie Ihren Mitarbeitenden, dass Sie *ihnen* helfen wollen – mit einem neuen System. Das System führen Sie *für* Ihre Mitarbeitenden ein, nicht zu deren Schaden. Erklären Sie ihnen das System. Geben Sie ihnen die Module zu lesen. Besorgen Sie Ihnen einen Online-Zugang fürs Selbststudium. Geben Sie jedem die Chance, sich schlau zu machen.«

»Ist das nicht gefährlich?«, fragte Gottfried Zucker. Er schien wenig überzeugt.

Der Hüne erwiderte: »Gefährlich wäre es nur, wenn Sie nicht ehrlich wären. Hüten Sie sich, Ihren Mitarbeitenden etwas vorzuspielen. Bleiben Sie *authentisch.* Bleiben Sie stimmig. Wenn Sie Angst haben, Fehler zu begehen, dann sagen Sie das Ihren Mitarbeitenden. Bitten Sie um Nachsicht und Hilfe.«

Inge Salm lächelte süffisant: »Das wäre eine Umstellung für Sie, nicht wahr?«

Gottfried Zucker ignorierte ihren Sarkasmus: »Das wird nicht einfach für mich, aber ich will es versuchen. Wissen Sie, warum?«

Die anderen blickten ihn überrascht an. Er erklärte: »Weil der Alte immer ehrlich zu mir war. Immer – und das hat mir gefallen. Ich glaube, meine Mitarbeitenden haben das Gleiche verdient.«

Alle nickten anerkennend. Leading Simple schien wirklich effektiv zu sein, wenn sogar Gottfried Zucker von seinen Vorteilen überzeugt werden konnte. Manfred Lustig sagte nach einer Pause:

»Gewinnen kommt von beginnen.«

Nach ein paar Sekunden fuhr er fort: »Aber das ist nur ein Teil der Antwort. Es fehlt noch eine wichtige Zutat, und die heißt: *ein Prozent.*« »Ein Prozent?«, fragten seine Zuhörer fast unisono, nur Eberhard Wehrlich erinnerte sich: »Stimmt, das stand auf dem Kärtchen: System plus ein Prozent gleich ständige Verbesserung.«

»Exakt! Nicht wahr, ich sagte bereits, dass Systeme den Boden für unsere Ergebnisse, aber nicht die Decke bilden?«, rief der ehemalige Spitzensportler. »Haben Sie verstanden, was ich Ihnen damit sagen will?«

Betroffen sahen sich die fünf an. Sie hatten diesen Satz damals nicht verstanden, jedoch nicht weiter nachgehakt. Als er die ratlosen Blicke sah, erklärte Manfred Lustig: »Systeme bilden den Boden für eine beständige Leistung. Das heißt nicht, dass Sie nicht ständig daran arbeiten sollten, diese Leistung zu verbessern. Wer seinen Kunden weniger gibt, als er versprochen hat, der betrügt sie. Sie müssen die Minimumleistung liefern, die Sie versprochen haben. Immer. Das ist freilich nur der Boden, auf dem der Erfolg einer Firma aufbaut. Systeme und Visionen haben keine Decke. Sie müssen ständig verbessert werden, ganz gleich, wie gut sie sind.«

Seine Zuhörer ließen diese Erkenntnis auf sich wirken. Inge Salm erkundigte sich: »Kann man es so ausdrücken: Auch ein fantastisches System ist nur vollständig, wenn es ständig lernt?«

Louis Berg erwiderte: »Ich glaube, wir haben eine neue Expertin für Systeme. Sie haben den Nagel wieder auf den Kopf getroffen.«

Auch das beste System ist nur vollständig, wenn lernende Mitarbeitende es ständig verbessern.

Gottfried Zucker fragte: »Aber warum nur ein Prozent? Das kann man doch kaum sehen. Und was hat das mit der Frage zu tun, wann wir beginnen sollen?«

»Es wird gleich klar«, sagte Manfred Lustig lächelnd. »Sobald Sie *beständig* sind, müssen Sie sich *ständig verbessern*. Doch davor brauchen

Sie nicht zu erschrecken, denn ein Prozent reicht aus, ein einziges Prozent pro Monat und Aufgabe.«

Gottfried Zucker rechnete in Windeseile nach: »Aha, von wegen zu wenig: Fünf Aufgaben mal ein Prozent sind fünf Prozent im Monat, mal zwölf Monate – das sind sechzig Prozent Verbesserung in nur einem Jahr. Jetzt verstehe ich, das ist in Wahrheit unglaublich viel. Spannend.«

»Ich beginne den Zusammenhang klarer zu sehen«, schaltete sich Inge Salm wieder ein. »Auch das beste System ist nie perfekt. Also ist es unsinnig zu warten, bis man es perfekt beherrscht. Am besten fangen wir sofort an, obwohl uns sicher Fehler unterlaufen werden. Wir irren uns so lange nach vorne, bis es funktioniert. Das habe ich jetzt auch verstanden: konsequent neu anfangen.«

Gottfried Zucker fuhr fort: »Das eine Prozent erinnert uns immer daran, flexibel zu bleiben und uns ständig zu verbessern. Wie Sie so schön sagten: *Es gibt keine Decke für ein System*.«

Manfred Lustig blickte zu Louis Berg hinüber: »Kein Wunder, dass du so viel Spaß daran hast, mit diesen Leadern zu arbeiten!« Die fünf freuten sich sichtbar über diese Anerkennung.

Louis Berg ergänzte: »In dem einen Prozent liegt eine Magie, die über die Vision und die große Idee hinausgeht. Dieses eine Prozent sorgt dafür, dass eine große Idee von heute auch morgen eine große Idee ist – weil sie größer wird.«

Und Manfred Lustig sagte: »Spitzensportler, Visionen, Systeme, Leader … alle haben eins gemeinsam: Sie wachsen oder sie werden schwächer. ›Ein Prozent‹ erinnert uns immer daran: Ein System ist nur dann gut, wenn wir trainieren.«

Bald darauf verabschiedeten sie sich zufrieden von Manfred Lustig. Die Leader der Gruber AG sahen, dass Louis Berg mehr für sie tat, als sie zunächst angenommen hatten. Er half ihnen nicht nur, das System hinter Leading Simple zu entdecken, sondern er trainierte sie auch. Ohne dass es ihnen direkt aufgefallen wäre, waren sie schon mitten im Training. Sie waren ihm dafür dankbar, denn sie wussten:

Ohne Training ist das beste System wirkungslos.

Louis Berg lächelte tiefgründig. Manchmal schien es ihnen, als könne er ihre Gedanken erraten. Er sagte: »Ich denke, wenn Sie verstehen, wie wichtig Training ist, dann Sie sind bereit für die letzten fünf Module, die sich den Hilfsmitteln widmen. Mit den Hilfsmitteln ist es für Leader wie mit dem Werkzeug für Handwerker: Sie helfen, Aufgaben zu erfüllen. Je mehr Sie den Umgang damit üben, umso größer ist die Hilfe. Fallen Ihnen noch andere Vorteile ein?«

Manuela Herzlich meldete sich: »Erst Hilfsmittel ermöglichen eine effiziente Arbeit. Ein Holzfäller kommt ohne Säge nicht weit. Das Gleiche gilt für die Hilfsmittel eines Leaders: Sie geben ihm eine Hebelwirkung, sie sind ökonomisch und zeitsparend.«

Louis Berg nickte: »Der Vergleich mit dem Holzfäller ohne Säge gefällt mir gut.« Und dann fuhr er fort: »Es sind wieder nur fünf Module – die haben es jedoch in sich. Es sind die fantastischsten Hilfsmittel, die Sie als Leader bekommen können. Sie werden niemals weitere Hilfsmittel benötigen, um Ihre Führungsaufgaben umzusetzen. Ich habe mir erlaubt, die fünf Module in Umschlägen auf Ihre Schreibtische legen zu lassen. Ich schlage vor, wir treffen uns in zwei Wochen zu unserer üblichen Zeit wieder.«

Louis Berg rollte auf den Ausgang zu. Dann hielt er kurz inne und sagte lächelnd: »Ach, eins noch: Denken Sie doch vielleicht an mein Buch … Sie wissen schon … eine Zusammenfassung wäre hilfreich.«

Unterscheidungen aus dem letzten Kapitel:

1. Mitarbeitende/Verbündete
2. Gewinnen/Beginnen
3. Perfektionismus/Fehlerhaft beginnen
4. Angst/Fehler
5. Ständige Verbesserung/Plus ein Prozent

In diesem Video aus der Online Lernwelt beantwortet Boris Grundl folgende Frage:

Wie führe ich Leading Simple erfolgreich ein?

https://www.grundl-institut.de/beginnen

Für mehr Inspirationen folgen Sie Boris Grundl auf:

12. Die fünf Hilfsmittel

Louis Berg traf pünktlich im Konferenzraum ein. Dort diskutierten die Vorstandsmitglieder der Gruber AG bereits so lebhaft miteinander, dass sie ihn zunächst übersahen. Sie waren sich offensichtlich uneins darüber, ob Kritik heutzutage wirklich noch ein angemessenes Mittel für Leader sei. Als sie ihn bemerkten, verstummten sie verlegen. Doch Louis Berg lächelte verständnisvoll und sagte: »Guten Morgen. Eben fielen zwei Stichworte, über die ich auch lange nachgedacht habe. Ich glaube, ich kann Ihnen dazu einige Denkanstöße geben.«

Manuela Herzlich seufzte erleichtert: »Ich hatte schon einen Schreck bekommen. Ich dachte, Sie würden vielleicht denken, wir werden nie gute Leader.«

»Ich bin doch dafür da, dass Sie mir Fragen stellen. Nicht nur das. Da die Entwicklung von Menschen zu meiner Berufung geworden ist, freue ich mich sehr über das Wachstum anderer. Und Ihre Fragen, Ihr Ringen um Antworten zeigen Ihr Interesse am Wachstum. *Sie stellen sich klug infrage und nicht andere*. Und darum geht es«, erwiderte Louis Berg. »Ich freue mich richtig auf unser Gespräch. Zusätzlich zu Ihren zwei Stichpunkten habe ich auch einige Dinge, die ich mit Ihnen besprechen möchte. Aber lassen Sie uns zunächst darüber reden, wie Sie die fünf Module über die Hilfsmittel verstanden haben. Sie haben Sie doch zusammengefasst, oder?«

Herr Specht ergriff das Wort mit einem augenzwinkernden Lächeln: »Da wir wissen, wie wichtig *beständiges Liefern* ist, haben wir das natürlich vorbereitet. Die Blätter liegen bereits auf Ihrem Tisch.«

DAS ERSTE HILFSMITTEL:

Menschen fördern

Ein Leader konzentriert sich auf das Potenzial eines Menschen. Er konzentriert sich auf das, was jemand sein könnte. Er kümmert sich weniger um das, was jemand schon ist. Er gibt also mehr »Bestätigung für Wachstum« als »Bestätigung für den Status quo«. Das macht ihn zu einem positiv fordernden, jedoch unbequemen Menschen.

Er versteht den Wunsch vieler Menschen nach Anerkennung für den Status quo, nach der »Anerkennung als Mensch«. Für das, was man schon ist. Und weniger für das, was man sein könnte. Er versteht dieses Bedürfnis, ist damit jedoch nicht einverstanden. Er handelt aus Überzeugung anders. Denn er zollt Anerkennung für Ergebnisse, die das Unternehmen nach vorne bringen.

Ein reifer Leader fordert mit Respekt. Auf Augenhöhe. Denn Menschen sind aufgrund ihres Menschseins gleichwertig. Doch sie sind aufgrund ihrer Bedeutung für eine Unternehmung nicht gleichberechtigt. Also nicht auf Augenhöhe. Das verwechselt er nicht.

Die beiden Gegenspieler hier sind *Beliebtheit* und *Verantwortung*. Wird ein unreifer Leader von Bestätigung getrieben, möchte er beliebt sein und gebraucht werden. Dann bestätigt er andere in dem, was sie schon sind. Ist er gereift, wird ihm Verantwortung wichtiger als Beliebtheit. Dann fordert er das, was jemand sein kann. Jetzt gibt er Bestätigung erst für Wachstum.

Ein reifer Leader fördert seine Mitarbeitenden stets mit System.

Dieses System berücksichtigt ebenfalls, dass jeder Mensch in unterschiedlichen Projekten vier Phasen durchlaufen kann und dass er in jeder Phase einen anderen Führungsstil benötigt. Die Phasen bestimmen sich danach, wie viel Kompetenz und Engagement der Mitarbeitende hat.

In der *ersten Phase* – geringe Kompetenz, hohes Engagement – gibt der Leader genau vor, was der Mitarbeitende tun muss. Er dirigiert.

In der *zweiten Phase* – etwas gestiegene Kompetenz, nachlassendes Engagement – muss der Leader mit dem Mitarbeitenden trainieren, Ziele zu setzen. Und er muss das Erreichen dieser Ziele kontrollieren.

In der *dritten Phase* – hohe Kompetenz, unbeständiges Engagement – muss der Mitarbeitende gefordert werden.

In der *vierten Phase* – hohe Kompetenz, hohes Engagement – kann der Leader delegieren und die Verantwortung für die Ergebnisse komplett abgeben.

DAS ZWEITE HILFSMITTEL:

Stimmiges Lob

Durch ein Lob erfährt ein Mensch Anerkennung und Bestätigung. Damit es stimmig ist, muss dem Leader bewusst sein, was überhaupt lobenswert ist. Auch Lob gibt es mehr für Wachstum und weniger für die Bestätigung des Status quo. Deshalb muss der Leader ein echtes Interesse am Menschen und seiner Entwicklung haben, um die Wachstumsschübe zu erkennen und Anerkennung hierfür auszusprechen. Dank dieses Interesses kann ein Leader stets ausreichend Gründe finden, um den Mitarbeitenden zu loben. Und mit nichts anderem lassen sich Menschen so gut fördern.

Lob ist eine wesentliche emotionale Färbung im Feedback. Es drückt Nähe und Sympathie aus, also eine Form von Wärme. Der Gegenpol von *Lob* ist *Kritik*. Sie drückt Distanz aus – eine Form von Kälte. Dazwischen liegt ein breites Feld von emotionaler Neutralität.

Die Frage ist nicht, ob mehr oder weniger gelobt werden sollte. Die Frage ist, wie wirkungsvoll gelobt wird. Lob sollte angemessen sein. Und es ist angemessen und wirkungsvoll, wenn es sich auf Ergebnisse bezieht. Deshalb lobt ein reifer Leader niemals Absichtserklärungen, sondern Wachstumssprünge und Ergebnisse!

Ein Lob darf niemals unpräzise sein, sonst könnte es wie billige Schmeichelei klingen. Ein Leader sollte das Vier-Schritte-Lob üben. Er sollte erstens sagen, was ihm gefällt, zweitens erläutern, wo und wann ihm dies aufgefallen ist, drittens begründen, warum es ihm gefällt, und viertens dazu auffordern, das entsprechende Verhalten beizubehalten und gegebenenfalls auszubauen.

DAS DRITTE HILFSMITTEL:

Entwickelnde Fragen

Mit der Qualität seiner Fragen zeigt ein Leader, mit welcher Qualität er führen kann. Früher gaben Leader die besten Antworten. Heute stellen sie die besten Fragen. Die Qualität einer entwickelnden Frage erkennt man daran, dass durch die Beantwortung im Kopf des anderen etwas ausgelöst wird.

Ganz oft haben Fragen das Ziel, einen Menschen wieder *auf sich selbst zurückzuwerfen,* damit er seinen Teil der Verantwortung erkennt und anerkennt. Wenn er sich z.B. im Interessenbereich, den er nicht beeinflussen kann, verrannt hat oder sich zu lange im unproduktiven Beschwerdemodus aufhält.

Die mentale Haltung, mit der entwickelnde Fragen am besten gestellt werden, ist die der *Hebamme*. Eine Hebamme entbindet das, was in der anderen Person verborgen ist. Sie fügt nichts Fremdes hinzu. Entwickelnde Fragen dienen dazu, Menschen klüger zu machen; sie führen zu *Erkenntnis* oder *Einsicht*.

Informierendes Erfragen dient zur Erfassung einer Situation. *Dominierende Fragen* erzeugen ein Schuldbewusstsein. *Frust abladende Fragen* transportieren den Frust vom Fragenden zum Gefragten. *Bloßstellende Fragen* dienen durch Erniedrigung des Gefragten zur Selbstwerterhöhung des Fragenden.

Umleitende Fragen sind eine Vorstufe zur Kritik. Durch Fragen lässt sich leicht herausfinden, wie die Ergebnislage in einem Projekt ist.

Beim Umleiten kann der Leader entweder den größeren Teil der Verantwortung auf sich nehmen, weil er sich nicht klar genug ausgedrückt hat, oder er kann dem Angestellten eine neue Aufgabe geben. In beiden Fällen schafft er eine neue Möglichkeit zu loben. In einem persönlichen Gespräch sollte der Leader das unbefriedigende Ergebnis und die negativen Folgen emotionslos beschreiben. Als Nächstes wählt er eine der beiden Umleitungen, zum Schluss legt er das Ergebnis klar schriftlich fest.

DAS VIERTE HILFSMITTEL:

Konstruktive Kritik

Ein Kritikgespräch dient nicht dem Frustabbau oder der Machtdemonstration. Sein einziger Zweck ist es, gezielt eine Änderung des Verhaltens bei anderen anzustoßen.

Kritik erzeugt Distanz, und Distanz erzeugt einen Schmerz beim Kritisierten. Dieser Schmerz kann Einsicht und Veränderung auslösen. Dazu muss ein Leader wissen, dass »Freude erleben« und »Schmerz vermeiden« die zwei kraftvollsten Antriebe des Menschen sind. Sie sind weder gut noch schlecht, richtig oder falsch. Viele Menschen verstehen Schmerzen als eine Art schlechte Emotion. Doch das ist falsch. Schmerzen sind eine wichtige Rückmeldung für jedes Individuum. Auf mentaler genauso wie auf physischer Ebene. Der Schmerz hilft uns, eine Hand rechtzeitig von einer zu heißen Wärmequelle zurückzuziehen. Ein Leader, der das verstanden hat, kann beide Antriebe produktiv nutzen: Freude erleben und Schmerz vermeiden.

Ein Leader sollte möglichst selten, dann aber meisterhaft kritisieren. Und erst, wenn trotz aller Bemühungen die erwünschten Ergebnisse ausbleiben.

Auf jedes Kritikgespräch bereitet er sich vor, indem er einige Punkte notiert, die er an seinem Mitarbeitenden schätzt. Bei der Kritik trennt er zwischen dem Verhalten und dem Menschen. Er spricht über seine eigenen Emotionen, um Diskussionen und Ausreden zu vermeiden – denn über die Gefühle des Kritisierenden kann der Kritisierte nicht diskutieren. Der Leader benennt klar die Fakten seiner negativen Einschätzung und äußert seine Gefühle darüber. Dabei sollte er dem Kritisierten immer eine Chance geben, den Fehler von sich aus anzusprechen. Der Leader kann dann sofort den Fokus auf die Zukunft lenken, indem er fragt: Was werden Sie künftig anders machen? Denn es geht nicht um eine Verurteilung, sondern um Ergebnisse in der Zukunft. So bringt der Leader das Gespräch wieder auf eine positive Ebene. Nach vorne gerichtet.

DAS FÜNFTE HILFSMITTEL:

Stärkenorientierung

Wer seine Talente erkennt, kann sie durch Training zu Stärken entwickeln. Talente zeigen dem Menschen einen Weg, seiner möglichen Berufung zu folgen. Stärken sind also entwickelte Talente. Talente sind als Anlagen bei jedem Menschen vorhanden. Stärken werden sichtbar, wenn ein Mensch mit relativ wenig Energieeinsatz beeindruckende Ergebnisse in den Augen anderer erzielt.

Der Leader erwartet keine Perfektion, denn Perfektionismus bündelt die Konzentration zu sehr auf Schwächen, also auf Defizite. Perfektion ist in der Produktion, im Controlling oder im Vertragswesen wichtig, doch bei der mentalen Entwicklung von Menschen nicht hilfreich. Dort geht es darum, das auszubauen, was da ist, und sich an den vorhandenen Stärken zu orientieren.

Die beiden Gegenspieler hier sind *Einflussbereich* und *Interessenbereich*. Konzentriert sich ein Mensch vor allem auf das, was er beeinflussen kann, wird er auch immer mehr seiner Talente erkennen und sie entwickeln.

Stärkenorientierung bedeutet nicht, seine Schwächen nicht zu kennen. Denn nur wer seine Schwächen kennt, kann sie zumindest auf ein höheres Niveau bringen und durch gute Lösungen kompensieren. Wer beispielsweise eine Orientierungsschwäche hat, dem hilft ein Navigationsgerät auch beim Fahrradfahren. So kann die gesamte Restenergie in die Stärken fließen. Der Leader dient mit seinen Stärken anderen Menschen. Und für seine Schwächen braucht er die Hilfe anderer. Das ist ihm bewusst und macht ihn teamfähig. *Ein Leader wird für die Wirkung seiner Stärken auf andere respektiert und für den ehrlichen Umgang mit seinen Schwächen geschätzt.*

Louis Berg legte die Blätter zur Seite und sagte anerkennend: »Gratuliere. Sie haben es erneut geschafft, die wichtigen Punkte zu erfassen und mit wenigen Worten wiederzugeben. Alle Achtung.«

Seine Schüler freuten sich sichtbar über sein Lob. Nach einer kleinen Weile schob er nach: »Auch das ist eine große Hilfe für mein Buch, eine exzellente Zusammenfassung. Selbstverständlich habe ich Ihnen meinerseits wieder fünf Kärtchen mit einem Überblick dieser Module mitgebracht.« Er teilte die Karten aus. »Die fünf Hilfsmittel sind für Sie so wichtig wie die Werkzeuge für den Handwerker. Sie erinnern sich an die Vorteile?« Ja, die Gruber-Crew hatte die Punkte noch genau im Kopf:

- Sie helfen, die Aufgaben zu erfüllen.
- Sie zeigen, wie wirkungsvolle Kommunikation geht.
- Sie definieren, wie Menschen entwickelt werden.
- Sie sparen Zeit und Energie.
- Sie definieren, wie Führung direkt angewendet wird.

Sie nickten und Louis Berg fuhr fort: »Dann habe ich eine Frage an Sie. Wie können Sie den Umgang mit den fünf Hilfsmitteln am besten üben?«

Inge Salm antwortete sofort: »Ich weiß nicht, ob ich die beste Methode gefunden habe. Aber ich finde, es funktioniert ganz gut: Ich habe mir für die Hilfsmittel einen To-do-Plan aufgeschrieben, ähnlich wie die Karten, die Sie uns eben ausgeteilt haben. Vor jedem Mitarbeitergespräch habe ich mir überlegt, welches Hilfsmittel ich wohl einsetzen kann.«

Louis Berg nickte eifrig und ermunterte sie, weiterzusprechen. Die Marketingvorständin fuhr fort: »Dann habe ich vor dem Gespräch die jeweilige Karte gelesen. Nach dem Gespräch habe ich sie dann noch einmal überflogen und überprüft, inwieweit ich den To-do-Plan umgesetzt habe. Auf diese Weise beherrsche ich die Gesprächsleitfäden bereits ziemlich gut, obwohl ich erst zwei Wochen damit arbeite.«

»Eine ausgezeichnete Art zu lernen«, befand Herr Berg. »Bitte vergessen Sie nie: Wir lernen zu siebzig Prozent durch die Herausforderungen im Beruf. Also indem wir Leading Simple ganz konkret im Alltag anwenden. Deswegen ist der Transferprozess so wichtig. Zwanzig Prozent des Lernfortschritts entstehen durch Interaktion und nur zehn Prozent durch das klassische Lernen.« Er notierte am Flipchart:

Lesen Sie vor jedem Mitarbeitergespräch die passende Karte des jeweiligen Hilfsmittels. So lernen Sie die Anwendung mit geringem Zeitaufwand.

Nach einer kurzen Pause fragte er: »Erlauben Sie mir noch weitere Fragen?« Er wartete ihr Einverständnis ab und erkundigte sich dann: »Wen haben Sie bereits über die Module und das, was wir bis jetzt miteinander besprochen haben, informiert?«

Eberhard Wehrlich antwortete: »Wir haben beschlossen, dass jeder in seiner Abteilung so viel bekannt gibt, wie er für richtig hält. Zunächst waren wir etwas unsicher, weil wir ja noch nicht das ganze System kennen. Doch nach dem, was Manfred Lustig, der Ex-Volleyballspieler, sagte, sahen wir keine andere Möglichkeit. Wir wollten nicht feige sein, und wir haben verstanden, dass wir das Führen am besten lernen, indem wir es tun.«

Louis Berg nickte anerkennend und Inge Salm berichtete von ihren persönlichen Erfahrungen: »Ich habe sofort zwei Personen eingeweiht, ihnen den Brief vorgelesen, die Module mitgegeben und in der Online-Lernwelt *Lust auf Verantwortung* freigeschaltet. Dabei hatte ich komplett vergessen, dass die beiden ja auch zwei Personen informieren würden. Bevor ich mich versah, sprach die ganze Abteilung zuerst von Leading Simple und dann von Verantwortungsbewusstsein. Und das Beste dabei ist, dass ich mit der persönlichen Betreuung aus Ihrem Trainerteam ständig zum Nachdenken und Umsetzen herausgefordert werde. Zunächst dachte ich, ich müsste das unbedingt nur mit Ihnen, Herr Berg, besprechen. Doch jetzt habe ich erfahren, dass das Ganze ein System ist, das auch von Ihrem Trainerteam exzellent betreut werden kann. Hier zeigt sich der Unterschied von Beziehungsorientierung und Ergebnisorientierung. Ihr System liefert die notwendigen Ergebnisse zuverlässig. Ich hätte niemals gedacht, dass das auch im Bereich der Weiterbildung so funktionieren könnte.«

»Ja, aber warum?«, fragte Louis Berg vorsichtig, »warum haben Sie zugelassen, dass alle von dem System erfahren? Was hat denn jemand davon, der keine Mitarbeitenden hat? Es handelt sich doch um ein *Führungs*-System.«

Seine Zuhörer schmunzelten. Schließlich hatten sie ihm gut zugehört. Eberhard Wehrlich antwortete: »Wir kennen doch Ihre Einstellung zu dieser Frage. *Jeder* Mensch muss führen. Zunächst *sich selbst, auch privat,* zu Hause, sein Umfeld, Freunde, immer, wenn er etwas erreichen will. Dann in der *Firma,* selbst wenn er *keine* Mitarbeitenden hat. Er sollte seine Kollegen führen, die Mitarbeitenden anderer Abteilungen, seinen Chef … einfach jeden. Führen hat ja nichts mit Hackordnung zu tun. Das ist ein altes, überholtes Bild. Sondern damit, dass wir uns gegenseitig so beeinflussen, dass wir die besten Menschen werden, die wir sein können. Somit ist es eine Handlung jenseits von Hierarchie. Das gilt es erst einmal zu verstehen. Natürlich hört sich das leicht an, ist aber eben nicht leicht umzusetzen.«

»Ich habe etwas Wichtiges entdeckt«, ergänzte Manuela Herzlich: »Wenn ich Menschen mit diesem System führen will, dann ist das einfacher, wenn ich ihnen das System *vorher* erkläre und dabei das *Warum* vermittle. So wissen sie, was auf sie zukommt. Das schafft Vertrauen und später muss man viel weniger erklären.«

Louis Berg tat so, als hätten sie ihn bei einer Fangfrage ertappt. Er genoss die Arbeit mit ihnen sichtbar. Die schönste Überraschung stand ihm freilich noch bevor: Es stellte sich heraus, dass alle Anwesenden das System von Leading Simple nicht nur in ihren Abteilungen *besprochen* hatten, sondern dass sie auch bereits damit *arbeiteten, also handelten.*

Louis Berg hatte schon viel erlebt, aber das verschlug ihm kurz die Sprache. Dann sagte er voller Begeisterung: »Ich verstehe immer besser, warum mein Freund Harald Sie so schätzt. Er versicherte mir schon mehrmals: ›Diese Menschen sind mein Leben.‹ Sie wissen, dass Harald Gruber so etwas nicht leichtfertig sagt.

So, nun bin ich aber neugierig, was Sie konkret getan haben.«

Manuela Herzlich begann: »Ihrer Empfehlung folgend, hat mein

Team mit *Lust auf Verantwortung* angefangen. Doch diese Reflexionsübung belasse ich zunächst in meinem Führungskreis. Ich weiß jetzt: Jeder Mensch hat ein Recht auf eine klar beschriebene Aufgabe, und er muss wissen, welche konkreten Ergebnisse von ihm erwartet werden.

In meiner Rolle, besser in meinem Bewusstsein als Personalvorständin, habe ich zuerst eine EOA für *alle* Mitarbeitenden anfertigen lassen.«

Erstaunt blickte Louis Berg sie an: »Wie konnten Sie das *so schnell* schaffen?«

Sie antwortete lachend: »Indem ich Affen verteilt habe! Also durch das Hilfsmittel ›konsequentes Delegieren‹. Ich habe einfach jeden gebeten, seine Aufgabe und die Ergebnisse, die er liefern sollte, auf einer Seite zusammenzufassen. Diese vorläufigen EOAs haben die Mitarbeitenden dann mit ihren Abteilungsleitern besprochen. Zur Vorbereitung für meine Mitarbeitenden ist die Online-Lernwelt eine wahre Schatztruhe. Alle können die Inhalte dort abgreifen. Wann sie wollen, wo sie wollen, sooft sie wollen. Einfach klasse. Denn dort deckt sich alles genau mit dem, was wir hier lernen. Eine klare, logische Methodik und Didaktik. Alles geht Hand in Hand. Genial. Genial einfach. Leading Simple. Ich habe am Schluss die korrigierten Fassungen eingesammelt. Und die werden jetzt Schritt für Schritt weiter in Richtung Ergebnisorientierung entwickelt. Sie hatten recht, Herr Berg. Zwischen dem Denken, *ich bin doch schon ergebnisorientiert,* und der tatsächlichen *Ergebnisorientierung* liegen Welten. Viele halten sich für ergebnisorientiert, schreiben und handeln jedoch aufgabenorientiert. Da schlägt die Überlegenheitsillusion voll zu. «

»Herzlichen Glückwunsch!«, freute sich Louis Berg. »Viel Arbeit bedeutet nicht, dass Sie diese Arbeit allein tun müssen. Sie haben sich an Ihre dritte Aufgabe erinnert und *konsequent delegiert*. Sie wirken durch andere und entwickeln diese dabei.«

Gottfried Zucker verriet: »Sie hat sich einen großen Affen gekauft und auf den Schreibtisch gesetzt, einen Affen mit farblich abgestimmter Kleidung …«

Alle mussten lachen. Manuela Herzlich sagte: »Der Affe ist Gold wert. Früher habe ich oft zwölf Stunden gearbeitet. Mein Hauptfehler bestand darin, dass ich die Arbeit anderer Mitarbeitender übernahm. Ich wollte *gebraucht werden*. Ich habe gewissermaßen deren Affen getragen. Nun konzentriere ich mich auf meine Aufgaben und delegiere viel. Jetzt definiere ich mich *durch die Entwicklung* anderer. Jeder trägt jetzt seinen eigenen Affen. Der Affe auf meinem Schreibtisch erinnert mich an diese wichtige Aufgabe jedes Leaders. Seit er dort sitzt, arbeite ich nur noch acht bis neun Stunden.«

»Ich würde ihm ja einen Pullunder anziehen«, grinste Gottfried Zucker.

Inge Salm rief mit gespielter Empörung: »He, über Ihren Pullunder darf nur eine Witze reißen, und das bin ich!«

Louis Berg stellte mit Genugtuung fest, welch ein Stimmungswechsel eingetreten war. Er fragte mit Nachdruck: »Und wie viel Verantwortung liegt eigentlich bei uns, den Leadern und dem Unternehmen generell? Wenn es für Sie in Ordnung ist, liefere ich ausnahmsweise gleich mal die Antwort mit dazu. In der Vergangenheit wurde zu oft alles an den Leadern oder der Firma in Summe festgemacht. Also hundert Prozent. Und fast die gesamte Fachliteratur stimmte dem zu. Damit wurden die Mitarbeitenden praktisch entmachtet und die Führung überhöht. Und genau das war der Fehler. Den werden wir für die Zukunft korrigieren. Denn Mitarbeitende sind Menschen. Und damit haben sie einen großen Einfluss. Und diesen machen wir ihnen bewusst.

Das Unternehmen und die Leader sind für fünfzig Prozent der Ergebnisse verantwortlich. Fünfzig Prozent liegen bei den Mitarbeitenden selbst.

Das Unternehmen sorgt durch die Führungsmannschaft dafür, dass die nötigen Voraussetzungen für Spitzenleistung geschaffen werden. Symbolisch gesprochen sorgen sie für eine Wiese, die abgrenzenden Zäune, die Baumaschinen und die Werkzeuge. Das macht etwa fünfzig Prozent. Und dann kommen Mitarbeitende und nehmen ihren Teil der Wiese geistig in Besitz. Sie lassen darauf Ergebnisse in Form von

Pflanzen gedeihen. Das sind deren fünfzig Prozent. Die heutigen Mitarbeitenden sind viel mächtiger als früher und haben großen Anteil an einer zukunftsfähigen Firmenkultur«

Jetzt war Gottfried Zucker an der Reihe. »Specht und ich haben mit *Einflussbereich* und *Interessenbereich* angefangen. Das führte dann automatisch zu *Lust auf Verantwortung*. Irgendwie hängen die beiden miteinander zusammen. Doch das ist gar nicht so einfach. Die meisten sehen die Stufen des Verantwortungsbewusstseins bei anderen besser als bei sich selbst.«

Louis Berg nickte: »Das ist vollkommen normal. Wenn intensiv an der mentalen Haltung und dem Bewusstsein gearbeitet wird, sehen wir diese Zustände zunächst bei anderen leichter als bei uns selbst. Das ist die Geschichte von dem Wellensittich. Und dann denken wir, wir *können* es schon, obwohl wir es nur *kennen*. Das ist die große Herausforderung in einer kulturellen Transformation. Welche Erkenntnis haben Sie daraus gewonnen?«

Gottfried Zucker antwortete: »Ich verstehe gar nicht, wie wir so lange darauf verzichten konnten. Zum ersten Mal verstehen die Mitarbeitenden, was Verantwortung überhaupt ist und wie man sein eigenes Verantwortungsbewusstsein entwickelt. Das ist einfach nur klasse!«

Alfred Specht sekundierte: »Wir machen dann mit *Ergebnisorientierung* und *EOAs* weiter. Die ermöglichen dann *positive Kontrollen*. Leading Simple ist so klar und logisch aufgebaut. Doch das sehe ich erst jetzt.«

»Und es wird auch keine Diskussionen geben«, nahm Gottfried Zucker den Faden auf. »Denn dann weiß jeder genau, für welches Ergebnis er verantwortlich ist. Und er weiß, dass sich die ganze Firma darauf verlässt, dass er sein Ziel erreicht.«

Sie sprachen noch einige Stunden miteinander. Einige hatten mit ihren Mitarbeitenden bereits den Führungsleitfaden und damit das Vier-Phasen-Modell der ersten Aufgabe eingeführt. Gottfried Zucker hatte zunächst verstärkt die Systeme analysiert. Einige erschienen ihm viel zu kompliziert. Für die Buchhaltung hatte er die Entwicklung einer neuen Software in Auftrag gegeben und außerdem begonnen, zusammen mit Manuela Herzlich ein Handbuch der wichtigsten Systeme zu erstellen.

Eberhard Wehrlich hatte mit dem Einverständnis der anderen eine Betriebsversammlung einberufen und dort der gesamten Belegschaft den Markenkern, die Vision zur Identifikation für die Mitarbeitenden, vorgestellt. Diesen hatten sie zuvor auf Vorstandsebene erarbeitet. Das ging erstaunlich schnell, da sie nun genau wussten, wohin sie gemeinsam wollten. Und jetzt würden sie im Team den Unternehmenszweck konsequent weiter erarbeiten, Stück für Stück weiter kommunizieren und vor allem vorleben. Schließlich hatte Wehrlich der Belegschaft das System hinter Leading Simple und das *Warum* der Umsetzung vorgestellt. Jeder in der Firma mochte und respektierte ihn, und so nahmen die Mitarbeitenden ihm ab, dass dies eine große Chance für die Gruber AG sei. Louis Berg lauschte mit großem Interesse ihren Berichten.

Er sagte: »Toll, wie Sie die Umsetzung angepackt haben. Wie wir ja wissen: Jedem Anfang wohnt ein Zauber inne. Es ist ein Unterschied, ob wir eine Anfangsbegeisterung haben oder eine ›Zu-Ende-bring-Begeisterung‹. Jetzt ist es wichtig, dass wir Leading Simple durch Konsequenz und ständiges Anfangen richtig auf den Weg bringen. Wir dürfen nichts dem Zufall überlassen. Sie kennen jetzt die Geschichte von Leading Simple, Sie kennen das System, Sie kennen die Module und die Online-Lernwelt. Ihnen fehlt jetzt noch das Können, der Transfer in die Praxis, das Umsetzen. Sodass Sie schließlich volle Verantwortung für die Umsetzung von Leading Simple übernehmen können. Lassen Sie uns erst einmal eine Stunde Pause machen.«

Begierig warteten die fünf Leader darauf, dass Louis Berg ihnen diesen Punkt erklären würde. Sie spürten, erst dann würde das System richtig wirkungsvoll.

Unterscheidungen aus dem letzten Kapitel:

1. Frustabbau / Machtdemonstration
2. Beliebtheit / Verantwortung
3. Kompetenz = Wissen x Erfahrung
4. Engagement = Ziele x Selbstvertrauen
5. Hebamme
6. Freude erleben / Schmerz vermeiden
7. Talente / Stärken
8. 50 Prozent Unternehmer / 50 Prozent Mitarbeitende
9. Menschen fördern
10. Stimmiges Lob
11. Entwickelnde Fragen
12. Konstruktive Kritik
13. Stärkenorientierung

In diesem Video aus der Online Lernwelt beantwortet Boris Grundl folgende Frage:

Warum ist das Beherrschen der Führungswerkzeuge so wichtig?

https://www.grundl-institut.de/hilfsmittel

Für mehr Inspirationen folgen Sie Boris Grundl auf:

TEIL IV

Leading Simple: Die Umsetzung

13. Wie nehme ich etwas geistig in Besitz?

Nach einer Stunde trafen alle wieder pünktlich im Konferenzraum ein und nahmen Platz. Louis Berg räusperte sich: »Kurz nachdem ich die fünfzehn Module vom Roundtable erhalten und aufbereitet hatte, habe ich sie an die gesamte Führungsmannschaft einer Firma weitergegeben. Das waren hundertachtzig Personen. Wir haben mit unserem Trainerteam vom Institut die Aufgaben, die Hilfsmittel und die Prinzipien an zwei Tagen in mehreren Gruppen besprochen, und ich sah damals unsere Aufgabe als erledigt an. Nach sechs Monaten habe ich das Unternehmen noch einmal besucht. Was ich sah, war niederschmetternd.«

Seine fünf Zuhörer konnten es nicht fassen. Berg erklärte: »Von den hundertachtzig Managern arbeiteten nur noch dreiundvierzig mit dem System, davon dreizehn intensiv und dreißig sporadisch. Manche hatten nie damit angefangen, und andere hatten nach kurzer Zeit aufgegeben. Dreiundvierzig Leader arbeiteten noch mit dem System und erzielten – je nach Konsequenz – hervorragende Ergebnisse, aber für die anderen hundertsiebenunddreißig hatte sich wenig verändert. Es war so, als hätten sie Leading Simple nie kennengelernt. Ich fühlte mich hundeelend.«

»Das ist doch nicht Ihre Schuld, pardon Verantwortung«, munterte Gottfried Zucker ihn auf. »Schließlich haben Sie Ihr Bestes gegeben. Jeder ist selbst für das verantwortlich, was er mit seinem Wissen anfängt.«

Louis Berg erwiderte: »Das stimmt. Genau das besagen die ersten beiden Prinzipien: Jeder ist für *seine* Ergebnisse verantwortlich. Das heißt allerdings auch, dass ich für die Ergebnisse verantwortlich bin, die *ich* liefere. Und die Frage war einfach, was ich tun konnte, damit die Annahme und Umsetzung der Systematik konsequenter verlief. Was musste passieren, damit sich die Möglichkeit zur konsequenten Umsetzung erhöhte?

Bitte denken Sie daran: Führen heißt, Menschen zur Verantwortung zu befähigen und das durch Ergebnisse sichtbar zu machen. Aufgrund der schwachen Umsetzungsergebnisse war klar: Es reicht nicht, anderen Menschen das System zu geben, ich muss dafür sorgen, dass sie es auch anwenden. Nicht alle, jedoch deutlich mehr. Das liegt in meiner Verantwortung, in meinem Einflussbereich. Und wenn ich darüber nachdenke, werde ich auch einen Weg finden.«

»Woher nehmen Sie die Kraft dafür?«, fragte Eberhard Wehrlich. Louis Berg antwortete: »Das ist eine sehr berechtigte Frage, Herr Wehrlich. Diese Kraft entspringt meiner Berufung. Diese ist viel größer als ich selbst. Durch die Höhe meiner Lähmung könnte ich sonst niemals diese Energie aufbringen. Für Experten der Neurologie ist mein Lebensweg ein einziges Rätsel. Denn Menschen mit einer Halsquerschnittslähmung verbrauchen fast all ihre Kraft in der Bewältigung ihres Alltags. Da ist dann kaum mehr Platz für Familie, Kinder oder Arbeitsplatz. Ganz zu schweigen von einer hohen Reisetätigkeit oder gar Unternehmertum.

Weil meine Voraussetzungen so limitiert sind, habe ich auch lange und intensiv an der Findung und Definition meines Lebenssinns gearbeitet. An meiner Berufung. Einer Idee, der ich dienen darf. Ganze sieben Jahre. Mit dem Wunsch, in einem Satz zu verdichten, wofür ich gemeint worden bin. Dieser Satz gibt mir Kraft und er führt mich.« Er schrieb ans Flipchart:

Ich bin die Möglichkeit, anderen zu Wachstum, Kraft und Größe zu verhelfen.

Voller Ehrfurcht wechselten die Blicke der Crew zwischen dem Satz auf dem Flipchart und den Augen von Louis Berg hin und her. Sie verstanden und nickten.

»Nicht jeder Mensch erfährt die Gnade, im Laufe seines Lebens seine Berufung, seinen Lebenssinn zu finden. Doch ich bin davon überzeugt, dass sich jeder Mensch auf diesen Weg begeben sollte. Es ist kein Weg nach außen, sondern es ist ein Weg nach innen. Wir meinen, dass das Leben uns einen Sinn geben sollte. Dass das Leben uns Fragen beantworten sollte. Ja, manche klagen sogar diesen Wunsch bei anderen ein. Beschweren sich. Dabei sollten wir dem Leben seine Fragen beantworten. Zum Beispiel die Frage: Was haben andere davon, dass es mich gibt? Die meisten machen sich auf die Suche nach Anerkennung von außen, ohne jemals zu verstehen, dass wahre Anerkennung nur von innen kommen kann. Es ist das Erkennen und Anerkennen der eigenen Berufung. Das Erkennen der eigenen Talente: sie zu Stärken zu entwickeln, um damit anderen Menschen zu dienen. Ich wünsche jedem Menschen auf dieser Welt von Herzen, dass er dieser Kraftquelle immer näher kommt. Schritt für Schritt. Tag für Tag. Also fängt es damit an, sich selbst zu führen.

Wenn ich eine Frau oder einen Mann sehe, die oder der sich selbst nicht klug führen gelernt hat, dann sehe ich oft ein Leben, das nicht vollkommen erfüllt ist. Ich sehe verschwendetes Potenzial. Ich sehe, diesem Menschen sollte jemand dabei helfen, der beste Mensch zu werden, der er sein kann.

Darin sehe ich meine Aufgabe. Wir können dieser Wahrheit nicht entkommen: Unsere Fähigkeit, uns selbst und andere zu führen, steht in direktem Verhältnis zu dem Erfolg und der Erfüllung, die wir in unserem Leben erfahren. Die meisten Menschen wissen nicht, wie sie Gelerntes wirklich umsetzen können. Sie können nicht zwischen einem Wunsch und dem Willen unterscheiden.«

Die fünf Leader spürten, wie ernst es ihm war. Manuela Herzlich fragte: »Und worin besteht der Unterschied zwischen einem Wunsch und dem Willen?«

Louis Berg führte aus: »Der Wunsch ist das, was ich gerne wäre. Das, was ich sage. Der Wille ist das, was ich tue. Also das, was ich beständig liefere. Zum Beispiel habe ich den Wunsch, abzunehmen, und stopfe trotzdem täglich Kuchen in mich rein. Das heißt in meiner Welt: Ich will nicht abnehmen. Oder den Wunsch, finanziell frei zu leben, doch meine Handlungen erhöhen keine Wertschöpfungskette.

Meine Taten folgen nicht meinen Wünschen. Es entsteht ein innerer Konflikt. Eine innere Spannung. Und schließlich entsteht der Wunsch, dass einem andere das geben, was man selbst nicht hinbekommt. Aus dem Wunsch wird ein Vorwurf, eine Beschwerde ans Leben. Es entsteht ein innerer Abgrund. An der Art und Weise einer Beschwerde erkennen wir eine unreife Persönlichkeit. Ein Abgrund trennt sie von einem glücklichen und erfüllten Leben. Ich betrachte es als ein Privileg, wenn ich Menschen dabei helfen darf, diesen Abgrund zu überwinden. Wünsche sind Tagträume von netten Dingen, über deren Umsetzung man nicht ernsthaft nachdenkt. Man weiß darum auch nicht, ob sie jemals Realität werden. Beim Willen dagegen haben wir uns klar entschieden, ein Ergebnis innerhalb eines bestimmten Zeitraums zu erreichen. Wir sehen ein gewünschtes Ergebnis und sind bereit, genau dafür einen Preis zu zahlen. Wir haben uns wirklich entschieden. Dafür brauchen wir einen Plan.« Er schrieb ans Flipchart:

Du hast dich erst dann entschieden, wenn du bereit bist, den Preis für die Konsequenzen der Entscheidung zu zahlen.

Manuela Herzlich nickte nachdenklich: »Es geht also darum, dass wir uns wirklich entscheiden. Und dass wir dann einen Plan erstellen. Ah, ich verstehe. Das ist natürlich eine EOA. Eine EOA für meine Jahresziele. Oder eine EOA dafür, Leading Simple auch wirklich umzusetzen. Oder, wenn wir ganz weit denken, eine Lebens-EOA. Und das tun die wenigsten von sich aus. Meine Aufgabe als Leader im Unternehmen ist es, meinen Mitarbeitenden dabei zu helfen.«

Nach einer kurzen Pause fuhr sie fort: »Aber welche Hilfen können wir konkret anbieten? Ist nicht letztlich die Disziplin jedes Einzelnen maßgeblich dafür, ob er das System umsetzt oder nicht?«

Louis Berg antwortete: »Erinnern Sie sich an die sechs Stufen? Die fünfte Stufe ist Verpflichtung. Bei Verpflichtung brauchen wir Disziplin. Denn eigentlich wollen wir es ja noch nicht. Der Tenor der Verpflichtung ist: *Ich muss, will aber eigentlich gar nicht.* Disziplin brauchen wir nur so lange, wie wir noch nicht wirklich wollen. Solange wir noch nicht überzeugt sind.

Wenn wir volle Verantwortung übernommen haben, also in Stufe sechs sind, dann brauchen wir etwas anderes als Disziplin. Wir brauchen Konsequenz. Disziplin wird als Allheilmittel jeglicher Veränderungsprozesse gepriesen. So auf die Art, ›du brauchst nur genügend Disziplin, dann schaffst du alles‹. Ob beim Abnehmen, Sporttreiben, Jahresziele-Erreichen oder komplexen kulturellen Veränderungsprozessen in Organisationen: Mit Disziplin geht alles. Und ohne Disziplin geht eben nichts.

Disziplin ist die Kraft des Durchziehens. Des Zu-Ende-Bringens. Festbeißen und durchziehen – wie ein Terrier. Und für viele scheint das eine lohnende Energie zu sein. Wir bewundern Menschen, die mit Disziplin und Fleiß ihre Ziele erreichen. Doch die Empfindung bei Disziplin ist ebenfalls eine gewisse Schwere. Eine gewisse Engstirnigkeit und Verbohrtheit. Für mich ist Disziplin der mentale Zustand: *Ich muss es tun, will es aber eigentlich gar nicht.* Ich habe mir etwas vorgenommen, von dem ich denke, ich sollte es tun. Doch eigentlich fehlt es mir an innerer Überzeugung. Also bin ich auf Stufe fünf.

Denn wenn ich überzeugt bin, brauche ich gar keine Disziplin mehr. Ich muss nichts mehr durchziehen, nichts mehr beweisen. Sondern ich kann mich hingeben, es fließen lassen. Ich bringe nichts mehr zu Ende, sondern fange immer wieder an. Jeden Tag, jede Woche, jedes Jahr, ja sogar jeden Moment. Ich fange so lange an, bis ich das erreiche, was ich mir vorgenommen habe. Das ist eine ganz andere Qualität im Denken.

Zum Konzept der Disziplin passt der innere Schweinehund. Er soll uns unser Scheitern etwas sympathischer machen. Damit wir nicht so alleine sind und mehr Verständnis bekommen für unsere Niederlagen beim Ändern von Gewohnheiten oder Veränderungsprozessen. Doch das mentale Programm Disziplin führt uns eher unsere Niederlagen als unsere Siege ins Bewusstsein. Und Disziplin ist eine Art Muskel. Ein mentaler Muskel. Denn wenn ich Dinge tue, die ich eigentlich nicht tun will, braucht es eine bestimmte mentale Anstrengung. Und die ist eben erschöpfbar. Natürlich ist sie auch trainierbar.

Disziplin ist vielleicht ein guter Anfang. *Eine nützliche Anfangsenergie.* Doch bestimmt kein starker alltäglicher Zustand. Denn Disziplin braucht es nur so lange, bis Überzeugung da ist. Wo wir noch gegen innere Widerstände kämpfen müssen, wo wir Dinge durchziehen müssen, obwohl wir nicht wollen. Denn Disziplin heißt eben: Ich muss, ich will aber eigentlich gar nicht. Auf der anderen Seite steht die Konsequenz.

Konsequenz heißt, ständig neu anzufangen. So lange bereit sein zu scheitern, bis es gelingt. Hier hat das Scheitern eine ganz andere Bedeutung. Es ist eben Teil des Erfolges. Eine Normalität. Etwas, was keine schlechten Gefühle und Ängste auslöst. Konsequenz ist ein ständiger Anfängergeist und gibt wesentlich mehr Energie als Disziplin. Wenn ich konsequent anfange, jede Stunde, jeden Tag, jeden Moment, kann ich anfangen, handeln und loslassen. Konsequenz heißt: Ich will. Disziplin heißt: Ich sollte wollen. Disziplin braucht es vielleicht am Anfang, bis die Überzeugung da ist. Dann braucht es Konsequenz. Diese Erkenntnis verdanke ich dem Zen-Meister Shunryu Suzuki. Er sagte:

›Dem Anfängergeist stehen viele Wege offen, dem des Experten nur wenige.‹

Diese beiden Denkmodelle gehen sehr tief. Und ich weiß noch genau, wie schwer es für mich war, von dem Konzept der Disziplin loszulassen. Denn dieses Denken ist tief in unsere mentale DNA einprogrammiert. Doch vielleicht ist jetzt die Zeit für einen Wandel. Wie wäre es, diese Umsetzung mit Konsequenz anzugehen? Beantworten Sie zuerst die Frage, woran Sie erkennen, dass Leading Simple umgesetzt ist und gelebt wird.

Und dann nehmen Sie sich dieses innere Bild und setzen es vor Ihr geistiges Auge. Ganz klar, so präzise wie möglich. Und jetzt laden Sie dieses Bild jeden Tag neu auf. Ganz entspannt. Ohne Angst. Mit voller Zuversicht. So, als wäre jeder Tag Silvester. Und jeder Tag enthält die Chance, neu anzufangen. Und dann gehen Sie jeden Tag auf dieses

Bild zu. Packen zu und lassen los. Fangen an und hören auf. Verlieren und gewinnen. Scheitern sich nach vorne. Doch das ist egal. Scheitern Sie so konsequent, bis Ihr Bild real wird, in Form von klaren, messbaren Ergebnissen. Im Kern geht es darum, ob sie Leading Simple wirklich umsetzen wollen, und dazu müssen Sie sich einige Fragen selbst beantwortet haben.«

»Welche Fragen?«, wollte Manuela Herzlich wissen.

»Wenn wir etwas nur *versuchen*, wird es niemals funktionieren. Es bleibt eben nur ein Wunsch. Dazu sollte uns der Unterschied zwischen ›versuchen‹ und ›entscheiden‹ klar sein. Unsere Aufgabe ist es nicht nur, Mitarbeitenden dabei zu helfen, eine EOA zu erstellen, sondern auch, sie zu einer bewussten Entscheidung zu führen. Und ich sage: Auch das reicht noch nicht aus. Denn es geht darum: Wir nehmen das Ergebnis unserer Entscheidung geistig in Besitz. Oder anders, wir nehmen unseren Verantwortungsbereich geistig in Besitz. Im Kern nehmen wir dadurch unser Leben geistig in Besitz. Und das immer wieder. Jede Entscheidung zeigt uns im Kern, wie sehr wir gerade unser Leben geistig in Besitz nehmen. Und auch hier können wir nicht immer in Topform sein. Da gibt es eben Unterschiede. Diese Aufs und Abs im Leben. Wir sind Menschen und keine Maschinen. Doch es geht darum, dass wir uns dessen immer bewusster werden und daran arbeiten.«

»Was meinen Sie mit ›geistig in Besitz nehmen‹ denn eigentlich?«, erkundigte sich Manuela Herzlich.

»Wenn wir etwas ändern wollen, dann brauchen wir eine klare Vorstellung vom gewünschten Ergebnis. Und das nehmen wir dann geistig in Besitz, indem wir daraus einen schriftlichen Plan machen. Und dann entscheiden wir uns zur Umsetzung dieses Plans. Im ersten Schritt hilft dabei oft Disziplin. Doch ob wir es wirklich wollen, erkennen wir daran, ob aus Verpflichtung echte Verantwortung wird. Erst jetzt haben wir die Veränderung geistig in Besitz genommen. Das merken wir daran, dass wir in ein ganz anderes Bewusstsein gekommen sind. Aus Schwere wird Leichtigkeit. Aus innerem Druck wird ein *Fließenlassen*. Aus Disziplin wird Konsequenz. Die Konsequenz des Anfangens und des Anfängers. Jetzt bleiben wir so lange konsequent dran, bis das Ergebnis erreicht wird.«

»Also kann man Folgendes sagen«, fasste Inge Salm zusammen:

»Durch einen schriftlichen Plan, eine EOA, werden Wege zu einem gewünschten Ergebnis sichtbar.«

»Sehr richtig«, lobte Louis Berg und notierte ans Flipchart:

Wir brauchen so lange Disziplin, bis wir das Ergebnis geistig in Besitz genommen haben. Dann kommt die Konsequenz des ständigen Anfangens.

Er erläuterte: »Manchmal möchten wir etwas erreichen, was wir eigentlich gar nicht wollen. Da bleiben wir im Zustand der Disziplin stecken, und das ist ein mentaler Muskel, der erschöpfbar ist. Disziplin ist eine Anschubhilfe, kein Dauerbrennstoff. Wenn zum Beispiel ein disziplinierter Arzt feststellt, dass er gar kein Heiler ist. Dass ihn die Arbeit erschöpft, auslaugt. Oder ein Lehrer feststellt, dass ihn das Wachstum anderer gar nicht erfüllt. Oder eine Führungskraft feststellt, dass sie gar keine anderen Menschen entwickeln will. Dass sie das Entwickeln anderer gar nicht erfüllt. Dass sie lieber konzentriert in ihrem Fachbereich arbeitet.

Wenn aus der Verpflichtung (Stufe fünf) keine Verantwortung (Stufe sechs) erwächst, dann sollten wir das, worum es da geht, infrage stellen. Wir sollten loslassen. Nicht als Ausrede, sondern aus Einsicht. Das bedeutet, wir werden auf dem Weg immer wieder bemerken, ob wir dorthin gehören oder eben nicht. Dazu sollten wir unsere Sehschärfe nach innen weiterentwickeln. Und nicht Zielen hinterherlaufen, die uns gar keine Erfüllung schenken.«

»Ich bin mir nicht sicher, ob ich das ganz verstehe«, räumte Gottfried Zucker ein.

»Es wird gleich klarer. Sie werden selbst erleben, was ich meine. Erinnern Sie sich, womit alles beginnt?«

»Mit Fragen, sagten Sie«, antwortete Manuela Herzlich. »Aber wieso kann ich geistige Inbesitznahme allein mit einigen Fragen erreichen?«

Louis Berg lächelte: »Es gibt keine andere Möglichkeit. Nur mit der Beantwortung bestimmter Fragen lässt sich dieser Bewusstseinszustand erreichen. Meist stellen wir uns diese Fragen unbewusst. Doch Leading Simple macht viele unbewussten Abläufe sichtbar und damit erlernbar. Das ist ja das Geniale daran.

Der Weg zur Stufe sechs ist jedes Mal ein sehr persönlicher. Er kann anderen nie aufgezwungen werden. Sie können einem anderen Menschen nicht etwas geben, was nicht in ihm drin ist. Es ist eine reine Reise zu uns selbst. Eine Auseinandersetzung mit den Tiefen unseres Seins. Hier haben Sie eine Übersicht über die Fragen.«

Er gab ihnen ein Kärtchen und sie lasen folgenden Text:

So nimmst du etwas geistig in Besitz

1. Ist dir klar, wohin du willst? Ganz klar? So richtig hundertprozentig klar? Hast du dich wirklich entschieden?
2. Weißt du genau, warum du es erreichen willst?
3. Gibt dir dieses Warum genügend Kraft?
4. Hast du einen schriftlichen Plan, eine EOA, zur Umsetzung gemacht?
5. Was muss noch passieren, damit du dein Verantwortungsbewusstsein in Stufe sechs bringst? Welche Erfahrungen aus der Vergangenheit helfen dir dabei?
6. Hast du Respekt vor den Motiven anderer und wertest sie nicht ab?
7. Kannst du loslassen, sobald du dich mit anderen vergleichst?
8. Was muss sich bei dir ändern, damit du das Ergebnis erreichst?
9. Bist du bereit, den Preis fürs Erreichen zu bezahlen?
10. Tut dir das, wohin du gehen willst, auch wirklich gut? Bringt es dich deiner Berufung näher? Ist es Ausdruck dessen, was du wirklich willst?

Bergs Stimme unterbrach ihre Gedanken: »Wenn Sie das gelesen haben, was glauben Sie wohl, sollten Sie als Nächstes tun?«

Eberhard Wehrlich antwortete spontan: »Wir sollten diese Fragen für uns selbst beantworten. Nur wenn wir uns selbst entschieden haben, können wir das von anderen erwarten.«

»Mir gefallen die Fragen gut«, meldete sich Inge Salm. »Und ich verstehe auch den Sinn. Aber sind das nicht Fragen, die ich mir bei *jedem* Ziel stellen muss, also Fragen, die gar nicht speziell auf Führung bezogen sind?«

Louis Berg lächelte: »Wenn es um Ziele geht, dann geht es immer auch um Führung. Nicht immer müssen wir andere führen, aber immer *uns selbst*. Sie können nichts Besonderes im Leben erreichen, wenn Sie sich nicht selbst führen können.« Er sagte eindringlich:

»Die zehn Fragen sind bei jedem bedeutenden Ziel zu stellen, denn jedes größere Ziel kann nur durch Führung erreicht werden. Und es fängt mit Selbstführung an. Immer!

Ohne Führung treten Sie auf der Stelle, Sie erreichen gar nichts. Deswegen macht die Fähigkeit zu führen den Unterschied zwischen Erfolg und Versagen aus, zwischen einem erfüllten Leben und frustrierender Mittelmäßigkeit.«

Der Mann im Rollstuhl händigte ihnen ein Formblatt mit denselben Fragen wie auf dem Kärtchen aus, das genügend Platz bot, um die Fragen auch zu beantworten. Sie machten sich sofort an die Arbeit. Die Leader benötigten eine gute halbe Stunde, denn sie wollten ihre *geistige Inbesitznahme* ernst nehmen.

Als sie fertig waren, sagte Louis Berg: »Herzlichen Glückwunsch. Sie haben sich gerade Fragen beantwortet, die sich die meisten Menschen nie stellen. Und da sich die wenigsten diese Fragen stellen, kommen Wunsch und Wille nicht zusammen. Und wer etwas geistig nicht in Besitz nimmt, der erreicht seine Ziele nicht. Ihm fehlt die Kraft dazu, bei der ersten Schwierigkeit gibt er auf. Doch bitte bedenken Sie:

Durch geistige Inbesitznahme wird aus Zieldenken Ergebnisdenken. Das ist eine andere mentale Kraft. Durch das Denken in Ergebnissen werden Ziele zum Diener unserer Entwicklung.

Ich weiß, dass ich mich wiederhole. Aber es ist einfach zu wichtig, um es nur einmal zu sagen. Unterschätzen Sie nie, wie wichtig eine echte Entscheidung und damit geistige Inbesitznahme ist! Für Sie selbst ebenso wie für andere. Ohne eine echte Entscheidung werden Sie nie die gewünschten Resultate erzielen. Leading Simple verändert die Lebensqualität, Sie dürfen das nicht dem Zufall überlassen.«

Louis Berg schaute den fünf Leadern in die Augen, einem nach dem anderen. Dann wusste er: Sie alle hatten sich entschieden.

Unterscheidungen aus dem letzten Kapitel:

1. Umsetzung/Konsequenz
2. Innerer Bezugsrahmen/Äußerer Bezugsrahmen
3. Wunsch/Wille
4. Disziplin/Konsequenz
5. Berufung/Lebenssinn
6. Versuchen/Entscheiden
7. Zieldenken/Ergebnisdenken

In diesem Video aus der Online Lernwelt beantwortet Boris Grundl folgende Frage:

Wie nehme ich meinen Verantwortungsbereich geistig in Besitz?

https://www.grundl-institut.de/umsetzung

Für mehr Inspirationen folgen Sie Boris Grundl auf:

14. Wie funktioniert mentale Transformation?

Gottfried Zucker fragte: »Wie gehe ich denn nun am besten vor? Ich kann doch nicht alle meine Mitarbeitenden auf einmal mit ins Boot holen, oder?«

Louis Berg antwortete: »Ich weiß nicht, ob das möglich wäre, sinnvoll ist es sicherlich nicht. Stattdessen können Sie zweierlei tun: Erstens sollten Sie Ihre eigene Verantwortung ernst nehmen. Und zweitens sollten Sie mindestens zwei Menschen dazu befähigen, das System auch umzusetzen. Doch zuerst fangen wir hier an, in dieser Führungscrew. Ich zeige Ihnen jetzt den Transformationsprozess. Und während Sie ihn selbst durchlaufen, wenden Sie ihn bei Ihren Führungskräften an. Genauso, wie Sie es jetzt schon erfahren haben und weiter erfahren werden. In diesem Transferprozess stecken zwanzig Jahre Entwicklungsarbeit. Bei Unternehmen mit vielen tausend Angestellten können wir auch Menschen in der Firma ausbilden, die dann verantworten, Leading Simple in der Tiefe umzusetzen. Eine Art Franchise. So bleibt der ganze Prozess frisch und lebendig.« Er schaltete den Beamer ein:

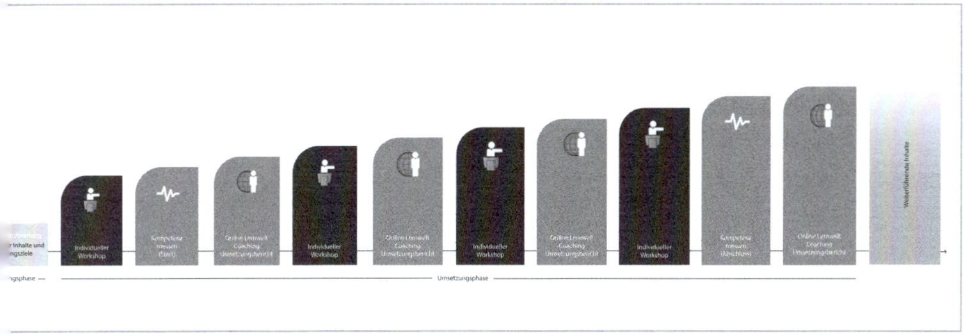

»Hier sehen Sie den Transferprozess, in dem Sie gerade mittendrin sind. Doch wie funktioniert er? Was ist das Besondere dabei? Nun, er wechselt zwischen Präsenzterminen in der Gruppe, Umsetzungsphasen, einer Online-Begleitung und persönlichen Umsetzungsgesprächen ab. Die Präsenztermine können wahlweise online oder vor Ort stattfinden. Das macht keinen Unterschied. Das haben unsere Messungen der Lerntiefe und unser Kundenfeedback bestätigt. Es entsteht immer eine verbindliche Umsetzungsspannung.

Und genau das ist der Punkt. Dieses System löst eine Umsetzungsspannung aus. Denn bei jedem Berührungspunkt gibt es Inspiration und Anregung zur Umsetzung. Nur so schafft es eine ganze Organisation, einen Kulturwandel umzusetzen. Sonst verläuft das Ganze, trotz bester Absicht, meist im Sande. Das ist unsere Erfahrung.«

Die Personalvorständin ergänzte: »Leider ist es genau so. Das habe ich selbst viel zu oft erlebt. Beste Absichten, tolle Seminarprogramme und sehr schwache Umsetzung im Alltag. Doch jetzt ist mir klar, warum. Weil sich die meisten schon für weiter entwickelt halten, als sie sind. Das zeigen ihre tatsächlichen Ergebnisse im Leben. Durch ihre Überlegenheitsillusion nehmen sie die Defizite anderer klarer wahr als ihre eigenen. Und denken, sie selbst seien schon weiter. Was für ein fataler Kreislauf.

In der Leading-Simple-Sprache geben sie den Wunsch nach Wachstum vor, suchen aber eigentlich nur Bestätigung. Doch das ist ihnen gar nicht bewusst. Es ist eine unbewusste Inkompetenz. Doch das erkenne ich erst jetzt. Gott sei Dank ist das bei mir inzwischen eine bewusste Inkompetenz. Und durch die Konsequenz, nicht Disziplin, macht Leading Simple daraus zuerst eine bewusste Kompetenz und schließlich eine unbewusste Kompetenz.« Louis Berg nickte und blendete eine bekannte Folie ein:

Er sagte. »Klasse, Frau Herzlich. Hier ist zur Unterstützung Ihrer Aussagen noch einmal das Kompetenzstufenmodell. Vielleicht schauen Sie ja jetzt schon mit einem anderen Bewusstsein darauf als beim ersten Mal. Das würde Ihr Wachstum dokumentieren. So findet es in Ihrem Bewusstsein statt. Und der Transferprozess stellt das Lehrsystem dar, den praktischen Ablauf, unsere Methodik im Prozess. Eine Methodik definiert, *wie* eine Sache dargeboten wird und dargeboten werden sollte.

Im Gegensatz zur Methodik fragt die Didaktik nach dem *Was*. Sie bestimmt das Lernziel und den daraus resultierenden Lehrinhalt mit der Abfolge seiner Lehreinheiten. Das Lernziel ist bei uns mentale und damit kulturelle Transformation. Und die kleinste Lehreinheit sind bei uns die Unterscheidungen. Sie sind unsere Lernsnacks. Mehrere Hundert haben wir davon schon definiert und auch online verfügbar gemacht. Beim Erlernen der Unterscheidungen geht es nicht um die Anzahl, sondern um deren Verständnis in der Tiefe. Die geistige Differenzierungsfähigkeit nimmt dadurch zu und eine größere mentale Stärke entsteht. Durch unsere Unterscheidungen werden mentale Haltungen sichtbar und auf einzigartige Weise trainierbar. Wie zum

Beispiel bei der Unterscheidung zwischen Einflussbereich und Interessenbereich. Oder bei Bestätigung und Wachstum. Sie ermöglichen eine höhere geistige Differenzierung und das sorgt für eine höhere mentale Stabilität.

Manche der Unterscheidungen sind Polarisierungen, sogenannte geistige Gegensätze. Durch Polarisierung wird mentale Transformation möglich. Im ersten Schritt kommt die Konfrontation mit der Differenzierung. Durch das Erkennen der Pole findet eine eigene Standortbestimmung statt. Gehen wir das Beispiel mal anhand von *Führen durch Nähe* und *Führen durch Distanz* durch.« Er klickte ein Bild weiter:

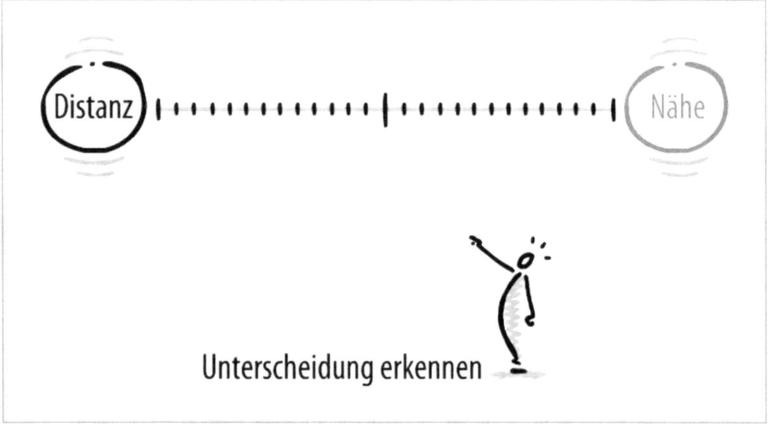

»Im ersten Schritt lernen wir eine Unterscheidung kennen. Jetzt können wir etwas geistig differenzieren. So, wie wir es bis jetzt vielleicht noch nicht gesehen haben. Ein Nachdenkprozess beginnt. Durch das positive mentale Auseinandersetzen mit den Polen wird der eigene Standpunkt zu der Unterscheidung mental sichtbar. Das gelingt nur, wenn jegliche moralische Bewertung der Pole beim Betrachten ausgenommen wird. Nur so können wir bei uns etwas erkennen, was wir bis jetzt nicht sehen wollten. Nur so werden blinde Flecken in unserem eigenen Bewusstsein sichtbar.«

Das nächste Bild wurde eingeblendet:

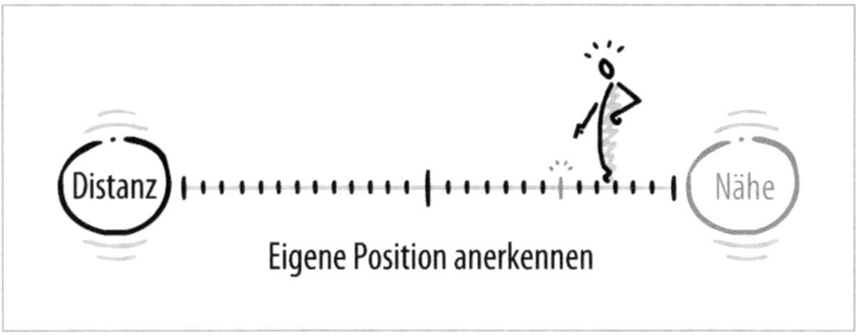

»Nachdem wir die Unterscheidung intellektuell erkannt haben, geht es um das emotionale Annehmen der eigenen Position. Das ist gar nicht so einfach. Wenn ich zum Beispiel bisher dachte, Führen durch Nähe sei gut und Führen durch Distanz sei schlecht, dann ist das intellektuelle Erkennen leicht. Doch das emotionale Annehmen der eigenen Position zwischen den Polen ist schwer. Weil mir dann erst mein Defizit wirklich bewusst wird. Das bedarf nämlich der Erkenntnis, dass Nähe und Distanz weder gut noch schlecht sind.«

»Da sagen Sie etwas«, entwich es Eberhard Wehrlich. »Das trifft ganz genau auf mich zu. Ich führe fast ausschließlich über Nähe, und das kostet unglaublich viel Kraft. Manchmal habe ich das Gefühl, dass sich andere durch meinen Wunsch nach Nähe geradezu emotional aufladen und Energie von mir abziehen. Doch jetzt ist mir klar: Nur Nähe ist eine Sackgasse. Genauso wie Distanz. Nur Distanz ist auch eine Sackgasse und wie ich jetzt ja weiß, gibt es eine Transformation dieser scheinbaren Gegenpole auf ein höheres Bewusstseinsniveau. Und dieser Zustand nennt sich *distanzierte Nähe*. Ich bin gleichzeitig nah und auch distanziert. Das hört sich erst einmal komisch an, doch etwas in mir spürt, dass genau das die Lösung ist.«

Lous Berg nickte und klickte ein Bild weiter.

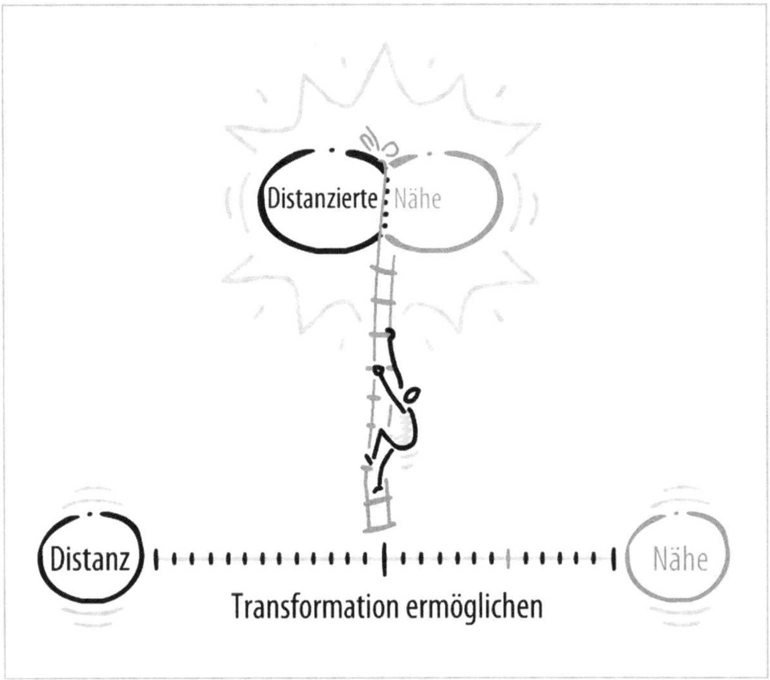

»Ganz genau. Welch klare Erkenntnis und Analyse, lieber Herr Wehrlich. Und diese Selbsterkenntnis braucht eben eine gehörige Portion Mut. Sonst würden Sie das niemals in Ihr Bewusstsein lassen und weiter verdrängen. Genau das machen die meisten und kommen deswegen nicht weiter. Oder sie tun nur so, als würden sie sich ernsthaft mit Transformation beschäftigen. Denn die meisten wollen sich dem schmerzlichen Erkenntnisprozess nicht stellen. Doch dieser kleine Erkenntnisschmerz bringt danach geistiges Wachstum und bessere Lebensergebnisse. Doch eben zeitverzögert. Einem kurzfristigen Schmerz folgt mittelfristig deutlich mehr Freude durch Ergebnisse.

Verliebe dich in das Ergebnis und die Veränderung fällt leicht.

Doch das verstehen viel zu wenige. Leider. Ich freue mich sehr über Ihre Erkenntnis.«

»Danke«, antwortete Eberhard Wehrlich. »Das ist schon sehr interessant. Durch das Wissen um die Gegenpole, die Unterscheidungen, kann ich es intellektuell erkennen. Durch die emotionale Auseinandersetzung, eine Art Reibung, kann ich meine Position emotional anerkennen. Und durch das reine Wissen um eine mögliche Transformation mache ich mich schon auf dem Weg dahin. Mich fasziniert dieses Modell.«

»Danke für Ihre Anerkennung. Genau das ist unsere Absicht. Unterscheidungen, die sogenannte Polaritäten definieren, bieten die Möglichkeit zur mentalen Transformation: auf ein höheres Bewusstseinsniveau. Und so lässt sich mentale Transformation greifen, darstellen und vor allem erlernbar machen. Wir sind in unserem Institut sehr stolz auf unsere Methodik und Didaktik.

Danke für Ihre Präsenz und Aufnahmebereitschaft. Sie wissen jetzt alles, was Sie brauchen, um mit uns noch ernsthafter zusammenzuarbeiten. Wenn Sie das verstanden und durchdrungen haben, können Sie völlig selbstständig mit den Unterscheidungen trainieren und arbeiten. Alles Weitere finden Sie in unserer Online-Lernwelt. In unserer persönlichen Zusammenarbeit werden wir jetzt Schritt für Schritt die Themen in die Tiefe bringen. So wie es die Abbildung vom Transferprozess darstellt. Zuerst durchlaufen Sie das System, und dann fangen Sie bitte parallel mit mindestens zwei Mitarbeitenden an.«

Gottfried Zucker fragte: »Also führe ich mit den zwei Mitarbeitenden, die ich ausgesucht habe, ein Gespräch, in dem es um deren Weg zur Verantwortung geht. Ich gebe ihnen zuerst das *Wodurch*, dann das *Was* und das *Wie*. Und dann die Fragen.«

»Genau so ist es«, bestätigte Louis Berg. »Und Sie sollten sie dabei auch positiv kontrollieren. Schalten Sie ihnen den Zugang zur Online-Lernwelt frei. Sagen Sie ihnen, was sie bis wann durchgearbeitet haben sollen. Geben Sie bitte ein klares *Warum* dazu. Vereinbaren Sie immer wieder Folgetermine, an denen Sie detailliert über Umsetzungsergebnisse und die schriftlichen Antworten auf dem Formblatt sprechen. Durch Ihr konstantes Feedback entsteht dann eine Umsetzungsspannung, auch bei Ihren Mitarbeitenden. So wie wir es hier tun.«

Der Finanzvorstand hatte noch eine Frage: »Und wie helfe ich ihnen dann praktisch weiter?«

Louis Berg erwiderte: »Sie helfen, indem Sie sich genau an das System halten, das wir jetzt weiter vertiefen werden. Sie führen mit dem System und durch Systeme. Sie erfüllen den Unternehmenszweck. Sie erstellen Systeme und delegieren konsequent. Entwickeln konsequent die EOAs weiter. Das Ganze kontrollieren Sie positiv. Das sind Ihre Aufgaben. Achten Sie darauf, dass Ihre Mitarbeitenden ebenso vorgehen. Unterstützen Sie sie darin. Fördern Sie Menschen anhand der Entwicklungsknöpfe durch entwickelnde Fragen. Geben Sie viel Feedback, insbesondere stimmiges Lob. Kritisieren Sie kurz und klar. Entspricht ihre Tätigkeit tatsächlich ihren Stärken? Außerdem beurteilen Sie ihr Engagement anhand der Prinzipien: Übernehmen sie ihr Verantwortungsbewusstsein, sind sie auf ausgezeichnete Ergebnisse fokussiert, haben sie Lust auf Ergebnisse? Verbessern Sie stetig die Veränderungskompetenz Ihrer Mitarbeitenden. Weniger ›höher, schneller, weiter‹, mehr ›flexibler, klarer, tiefer‹. Erleben sie Sinn durch ihre Arbeit? Und vor allem, vertrauen sie klug?

Bitte bedenken Sie dabei: Es geht nicht darum, alles richtig zu machen, sondern darum, es immer besser zu machen. Es fängt alles damit an, dass wir uns beim Denken beobachten lernen. Und dank der Unterscheidungen immer mehr unsere mentalen Zustände kennenlernen. Wir fangen an, unser Bewusstsein wahrzunehmen. Dazu müssen wir uns freuen, was immer wir wahrnehmen. Egal was wir sehen. Denn sonst wandert eine mögliche Erkenntnis wieder in das Unterbewusstsein. Das ist das Spiel: beim Denken beobachten, Zustände erkennen, sich immer freuen, loslassen und vergeben. Dadurch lernen wir, kraftvollere mentale Zustände einzunehmen. So geht mentales Wachstum auf höchstem Niveau. Und das können wir trainieren. Wann und wo wir wollen.«

Er klickte seine Präsentation weiter.

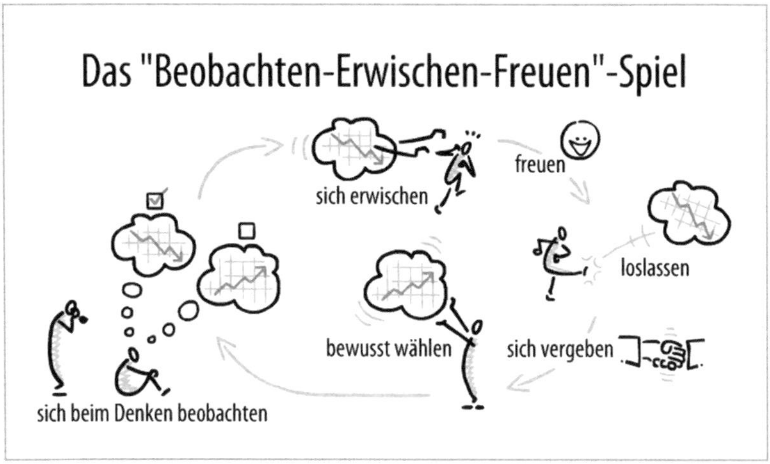

Manuela Herzlich sagte: »Ja, dieses Bild bringt es echt auf den Punkt. Genau so empfinde ich dieses Training. Ich würde meinen Mitarbeitenden gern ein Poster machen, auf denen die wichtigsten Leading-Simple-Bilder drauf sind. Dann kann ich mich immer wieder auf die Kernpunkte der Transformation konzentrieren. Dann ist der rote Faden immer sichtbar.«

»Das ist eine hervorragende Idee«, fand Louis Berg.

Nach einer Weile merkte Gottfried Zucker an: »Irgendetwas scheint mir noch zu fehlen. Ich glaube einfach nicht, dass alles immer so glattgeht. Brauchen wir nicht eine Art Worst-Case-Plan?«

»Sie haben vollkommen recht«, beeilte sich Louis Berg zu sagen. »Die Analogie zum Worst-Case-Plan macht Sinn. Ein Leader bedenkt immer mit, was schiefgehen könnte. Um wirkungsvoll zu helfen, müssen Sie wissen, mit welchen Gefahren Sie zu rechnen haben. Im Wesentlichen ist das ein entscheidender Punkt: Realitätssinn, der Sinn für die Realität. Der Mut, der Wahrheit ins Gesicht zu sehen. Und beim Verantwortungsbewusstsein ist ja Verdrängung der Einstieg. Damit wird der Prozess in Gang gesetzt. Aus einer unbewussten Inkompetenz wird eine bewusste Inkompetenz. Können Sie sich vorstellen, warum gerade dieser Punkt so gefährlich ist?«

Der Produktionsvorstand antwortete: »Oh ja, das kann ich. Diese Form von Ignoranz begegnet mir fast jeden Tag. Viele Menschen wollen die Wahrheit einfach nicht sehen, sie gehen lieber unter, als dass sie notwendige Änderungen in Angriff nehmen. Ich habe mich lange darüber geärgert, denn ich konnte nicht verstehen, warum jemand den Tatsachen nicht ins Auge sehen will.«

»Ich denke, es ist Flucht«, sinnierte Manuela Herzlich und schob nach: »Letztlich ist es wahrscheinlich Angst.«

Louis Berg sagte: »Manchmal ist es auch Schlampigkeit oder Faulheit. Doch was auch immer es ist: Diese mentale Haltung gehört zur Champions League eines Leaders:

Schonungslose Ehrlichkeit und unerschütterliche Zuversicht: beides zur gleichen Zeit.

Lassen Sie niemals zu, dass die Wahrheit ignoriert wird. Nicht bei sich und nicht bei anderen. Die Versuchung ist groß, aber die Folgen sind fatal. Ähnlich ist es mit einer weiteren Gefahr, die aus mangelndem Realitätssinn erwächst, dem schädlichen Einfluss.«

»Was meinen Sie damit?«, hakte Manuela Herzlich nach.

»Das führt uns wieder zu der Unterscheidung zwischen Manipulation und Beeinflussung. Dort, wo Sie sich noch nicht klar und bewusst sind, können Manipulatoren ansetzen und Sie in eine emotionale Abhängigkeit führen. Meist durch Bestätigung und Schmeicheleien. Sie zapfen Ihnen mental Ihre Lebensenergie ab und führen diese in Richtung ihrer eigenen Ziele. Dort, wo Sie sich der Wahrheit stellen und sich dieser immer bewusster werden, geht das nicht mehr.«

»Dass dem so ist, ist mir klar«, sagte Eberhard Wehrlich, »doch woran erkenne ich diese Manipulatoren?«

Gottfried Zucker beeilte sich zu sagen: »Da muss ich nur das zweite Prinzip berücksichtigen, dann ist die Antwort klar. Wenn wir ergebnisorientiert arbeiten, dann dürfen wir uns auch *nur ergebnisorientiert beraten lassen*. Das heißt, als Leader sollten wir uns nur Vorbilder nehmen, die Ergebnisse vorzuweisen haben, die wir selbst erreichen wollen.«

Louis Berg nickte: »So ist es.

Lassen Sie sich niemals von Menschen inspirieren, die nicht die Ergebnisse haben, die Sie anstreben.

In der Praxis heißt das: Hören Sie auf einen Mentor, der mit Ergebnissen spricht. Der konstant liefert. Punkt.«

Die fünf Leader nickten nachdenklich. Louis Berg kam zum nächsten Punkt: »Uns fehlt noch ein weiterer Ablenker vom Sinn für die Realität: Jene Überlegenheitsillusion, welche sich in Form von scheinbarer Unverletzbarkeit zeigt. Einer überzogenen Stärke, die auf der Kompensation unverarbeiteter Verletzungen aus der Vergangenheit basiert.« Das nächste Bild erschien an der Leinwand:

»Stellen Sie sich doch einmal vor, Sie leben in einer Beziehung mit einem Menschen, den Sie lieben. Dann verlässt Sie dieser Mensch. Das tut weh. Und er wechselt zu einem Menschen in Ihrem näheren Umfeld und kommt mit diesem zusammen. Also zweimal ein tiefer Schmerz. Es gehört eine unglaublich große Persönlichkeit dazu, das nicht als persönlichen Verrat zu empfinden. Verarbeiten Sie diese Verletzung nicht und nehmen Sie die offene Wunde mit in die nächste Beziehung, werden Sie sich wahrscheinlich weniger öffnen. Aus Angst, wieder verletzt zu werden. Ihr neuer Lebenspartner wird spüren, dass etwas nicht stimmt, und diesen Abstand vielleicht persönlich nehmen. Und was in der intimsten Beziehung gilt, gilt in abgeschwächter Form in jeder Beziehung. Auch am Arbeitsplatz. Leader, die sich ihrer unverarbeiteten Verletzungen nicht bewusst werden, halten Menschen aus Schutz auf Distanz. Das kann sich in Arroganz zeigen – aus Angst, wieder verletzt zu werden. Die anderen spüren das, und deshalb ist das Vertrauensniveau insgesamt niedrig. Werden die Verletzungen bewusst und geheilt, kann das Vertrauensniveau wieder steigen. Das erkennen wir daran, dass alle relevanten Informationen mit hoher Geschwindigkeit genau dahin kommen, wo sie weiterverarbeitet werden können. Und so sieht es dann aus, wenn die unverarbeiteten Verletzungen verarbeitet sind:«

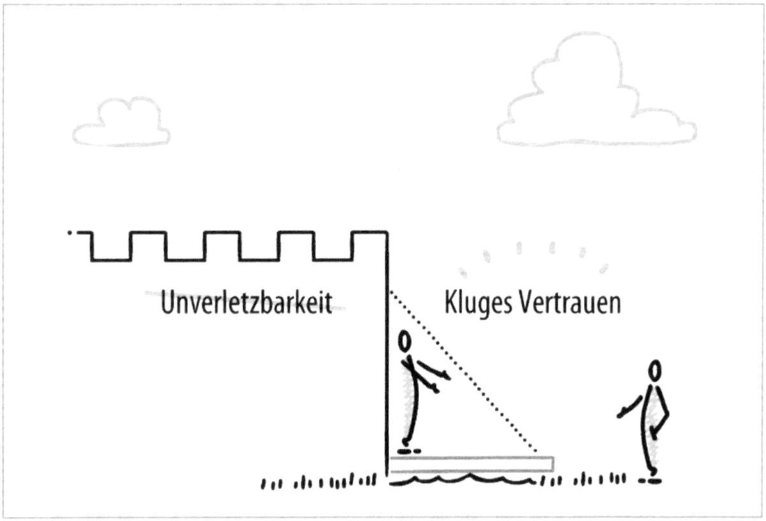

Alfred Specht reagierte als Erster: »Langsam werden Sie mir unheimlich, Herr Berg. Es kommt mir gerade so vor, als würden Sie meinen entscheidenden inneren Konflikt mit einer Klarheit präsentieren, die mir den Atem nimmt. Genau so ist es bei mir. Und schon wieder geht es los. Das schmerzliche intellektuelle Erkennen von meinem Teil der Verantwortung. Dann kommt die Chance zur emotionalen Annahme und damit die Möglichkeit zur Transformation. Doch da ich diesen Punkt jetzt so klar erkenne, gibt es für mich kein Zurück mehr. Ich sehe die Freiheit hinter dem Transformationsprozess. Und das gibt mir die Kraft. Vielen Dank!«

Der Angesprochene antwortete: »Wir sind alle sehr verletzliche, sensible Menschen. Das gilt es zu erkennen und anzuerkennen. Dann werden wir uns unserer Kompensationen bewusst und können diese überwinden. Und das macht uns zu noch besseren Leadern und katapultiert uns wiederum in ein anderes Bewusstsein. Ich kann Ihnen diese Erkenntnisse nur deswegen vermitteln, weil ich diesen Prozess schon oft genau so mental durchlaufen habe. Es scheint fast so, dass mit jeder neuen Bewusstseinsstufe neue limitierende Formen von früheren Verletzungen bewusster werden. Doch das Schöne an der Klarheit ist, dass wir uns und unserem geistigen Kern immer näher kommen. Wofür wir wirklich gemeint worden sind. Das ist das schönste Geschenk, das wir uns und unserem Umfeld machen können.«

Eberhard Wehrlich antwortete: »Das zeigt doch genau, dass ein arroganter Mensch im Grunde seines Herzens zutiefst verunsichert ist. Diese Unsicherheit versucht er mit guter Leistung und gespielter Überlegenheit zu überdecken. Damit zerstört er aber das Klima und hemmt das Wachstum seiner Kollegen und Mitarbeitenden.«

Louis Berg bestätigte das: »Das trifft den Kern des Problems. Seien Sie stimmig: Bleiben Sie demütig und dankbar! Interessieren Sie sich aufrichtig für Ihre Mitarbeitenden – dann werden Sie immer wieder deren Wert und deren Einzigartigkeit aufs Neue erkennen.«

»Ich würde«, seufzte Inge Salm, »diese Gefahren ja gern knapp zusammenfassen. Aber sie erscheinen mir zu nebelhaft.«

»Da kann ich Ihnen nur recht geben«, pflichtete Louis Berg ihr bei. »Geistige Zustände wirken zunächst wenig konkret. Doch da Sie jetzt um diese Gefahren wissen, werden Sie sie erkennen, wenn sie Ihnen in der Praxis begegnen. Fast alles, was an menschlichen Problemen auftritt, hat seinen Ursprung in mangelndem Realitätssinn«

»Das leuchtet mir ein«, ließ sich Eberhard Wehrlich vernehmen. »Ich kann nicht wirkungsvoll mit Mitarbeitenden über eine schlecht erfüllte Aufgabe reden, solange diese auf Ratschläge von Leuten hören, die davon nichts verstehen. Ich darf auch keinen arroganten Mitarbeiter befördern, der sich selbst und andere auf überzogenem Abstand hält. Ich würde immer nur über die Folgen seiner Probleme reden, nicht aber über ihre Ursachen. Weiß ich hingegen um die Ursache der Probleme, so habe ich eine Chance zu wirklichen Veränderungen.«

Jetzt fasste Inge Salm zusammen:

»Frage dich bei niedrigem Engagement, ob die Ursachen nicht in mangelndem Realitätssinn zu suchen sind. Kläre dann die Ursachen des Problems, nicht die Folgen!«

Louis Berg nickte. Dann sagte er: »Übrigens kann es vorkommen, dass Ihre Mitarbeitenden behaupten, nicht genug Zeit für das Leading-Simple-System zu haben. Was können Sie darauf erwidern?«

»Das ist bereits passiert«, informierte ihn Eberhard Wehrlich.

»Einer meiner beiden Stellvertreter behauptete, seine Aufgaben würden seinen Tag bereits vollkommen ausfüllen.«

»Und was haben Sie ihm gesagt?«, erkundigte sich Louis Berg. »Er hat ihn, ohne ein Wort zu verlieren, zu mir gebracht«, schmunzelte Manuela Herzlich. »Er hat auf meinen Affen gezeigt und dann hat er gesagt: ›Ihr Problem ist nicht die Zeit, Ihr Problem sind die Affen.‹ Der arme Mann starrte vollkommen verwirrt auf meinen Affen. Ich habe ihm dann die Bedeutung erklärt.«

Alle mussten lachen, als sie sich diese Szene vorstellten. Louis Berg sagte: »Diese Lehre ist sehr wichtig: Die meisten Menschen denken linear. Eine Aufgabe nach der anderen. So denken Sach- und Facharbeiter. Jetzt kommt das, und dann kommt das, und dann kommt das. Ein Häkchen nach dem nächsten. Wie eine To-do-Liste. Diese Art zu denken ist eben linear. In diesem Denken gibt es eine Begrenzung an Zeit. Wenn ich also meine Wirkung erhöhen will, muss ich meine Anzahl an Stunden erhöhen. Und es ist wichtig, dass wir Leader das verstehen und nicht verurteilen.

Denn es gibt eine andere Form des Denkens. Dabei geht es nicht um die Quantität der Zeit, also die Anzahl der Stunden, sondern um die Zeitqualität. Um die Wirkung pro Stunde. Das ist die Antwort auf die Frage: Wie erhöhe ich meine Wirkung pro Stunde? Das hat eben mit Bewusstsein zu tun. Es ist die Erhöhung der Zeitintensität. Wir kennen doch alle Menschen, von denen eine hohe Intensität ausgeht. Die haben das verstanden.

Zeitquantität bedeutet: Jetzt mache ich erst einmal alle Fach- und Sachaufgaben und danach mache ich noch Führung. In diesem Denken schaut die Überforderung um die Ecke. Deswegen ist es extrem wichtig, dass bei der Gruber AG der Unterschied zwischen Zeitqualität und Zeitquantität als Unterscheidung für alle emotional klar ist.

Leading Simple erhöht die Wirkung pro Stunde. Die Zeitqualität. Deswegen kostet es keine Zeit, dieses System schenkt Zeit.

»Was ich absolut bestätigen kann«, warf die Personalvorständin ein.

* * *

Ein Dreivierteljahr nach diesem Treffen hatte Harald Gruber, den sie immer noch ehrfürchtig den Alten nannten, sie zu einer Versammlung gebeten. Gespannt warteten sie. Ohne sich abzusprechen, waren die fünf Leader lange vor der Zeit in den Versammlungsraum gekommen. Hier hatte alles begonnen. Was hatte sich nicht alles ereignet, seit Louis Berg das erste Mal in diesen Raum gerollt war.

Sie hatten das Leading-Simple-System in der Gruber AG eingeführt. Es hatte anfangs einige Schwierigkeiten gegeben – das hatten sie allerdings auch nicht anders erwartet. Nach und nach verpflichteten sich immer mehr Mitarbeitende, nach diesem System zu arbeiten.

Sie fühlten sich einfach besser: Sie waren sich sicher, weil sie nun ihre *Prinzipien* kannten. Dadurch hatten sie wieder Orientierung bekommen. Durch die fünf *Aufgaben* wussten sie, was zu tun war. Und sie trainierten täglich den Umgang mit den fünf *Hilfsmitteln* und sahen, wie sie immer effektiver wurden. Und vor allen Dingen waren sie wieder stolz, für die Gruber AG zu arbeiten.

Inzwischen dachten und handelten sie ergebnisorientiert. Im ganzen Unternehmen wurde das Wort »Ergebnis« zu einem sehr positiven Wort. Alle hatten richtig Lust auf Ergebnisse. Keiner ging mehr zur Arbeit. Sie gingen Ergebnisse produzieren und unterstützten sich gegenseitig dabei. Und das mit Spaß und Freude. So war es ihnen wichtig, dass durch ihre Änderungen der Umsatz im Verhältnis zum Vergleichsquartal um acht Prozent gestiegen war, der Gewinn sogar um neunzehn Prozent. Das ging nun schon einige Zeit so, sie planten ein gesundes Wachstum für das Unternehmen.

Eberhard Wehrlich war von Harald Gruber zum Vorstandsvorsitzenden berufen worden. Die anderen freuten sich aufrichtig über diese Entscheidung. Der Kreis der fünf Leader hatte sich erheblich erweitert. Sie staunten immer wieder, wie schnell aus vormals unauffälligen Mitarbeitenden wirkliche Leader wurden, wenn sie erst einmal die Prinzipien verstanden hatten. Es war eine Kultur entstanden, die Menschen unglaublich schnell wachsen ließ. Eine Treibhauskultur mit Lust auf Spitzenleistung. Louis Berg hatte es ihnen vor vielen Monaten erklärt. Durch die Umsetzung der fünf Prinzipien würde eine zukunftsfähige Firmenkultur entstehen. Er beschrieb diese Wirkung wie ein Feld. Ein Feld, das durch das wachsende Bewusstsein von Menschen entstand. War dieses Feld da, passierte vieles von allein. Menschen kamen von außen in diese Kultur und wurden von ihr mitgerissen. Im positiven Sinne. Sie entwickelten sich viel schneller. Was früher drei Jahre dauerte, geschah jetzt in sechs Monaten. Sie sahen: Leading Simple förderte wirklich Menschen *und* bewirkte Ergebnisse. Das Beste daran war: Das System funktionierte unabhängig von Personen.

Louis Berg hatte inzwischen sein Buch über Leading Simple veröffentlicht und es all seinen ehemaligen Schülern geschenkt. Sie hatten wiederum dafür gesorgt, dass jeder in der Belegschaft ein eigenes Exemplar erhielt. So konnte jeder selbst entscheiden, was er nachlesen wollte. Und das war gut so, denn jeder traf im Alltag auf andere Herausforderungen. Da war es eine große Hilfe, die entsprechenden Module und Dialoge bei Bedarf zur Verfügung zu haben.

Louis Berg und Harald Gruber kamen in den Raum. Beide wurden herzlich begrüßt. Der Firmengründer war noch älter geworden. Doch seine Präsenz zog die Zuhörenden noch immer sofort in den Bann. »Vor vielen Monaten habe ich Ihnen gesagt, dass etwas Entscheidendes an meinem Lebenswerk fehlte. Ich habe erkannt, dass mein Führungsstil einen gewaltigen Nachteil hatte: Er ließ sich nicht duplizieren, weil er zu sehr von meiner Person geprägt war. Von Louis Berg habe ich gelernt, wie effektiv ein System ist, das unabhängig von Personen funktioniert. Auf meine Bitte hin hat er Ihnen Leading Simple nahegebracht. Er hat Ihnen die Module erklärt; und indem er Ihnen seine Geschichte erzählt hat, gelang es ihm, Sie auch emotional anzusprechen. Ich bin meinem Freund Louis und seinem Institut zu großem Dank verpflichtet.«

Harald Gruber ging zu Louis Berg und schüttelte ihm herzlich die Hand. Der freute sich aufrichtig über die Anerkennung. Dann fuhr Gruber fort: »Doch die alltägliche Umsetzung lag an Ihnen. Sie haben Verantwortung übernommen, Sie haben die Umsetzung geistig in Besitz genommen und haben nach und nach die meisten Mitarbeitenden unserer Firma für das Leading-Simple-System gewonnen. Die wenigen, die sich nicht damit identifizieren konnten, haben das erkannt und woanders ihr Glück gesucht.

Wenn ich heute durch die Gänge des Unternehmens gehe, dann höre ich Lachen. Ich sehe in stolze und selbstbewusste Gesichter. Ich sehe Mitarbeitende, die ihre Aufgaben kennen und die mehr zu tun haben als ihre Vorgesetzten. Ich sehe Leader, die Zeit haben für ihre Mitarbeitenden. Und die Zahlen beweisen, dass der Eindruck nicht täuscht. Sie haben nun mehrmals hintereinander den Umsatz samt Gewinn erheblich gesteigert.«

Der alte Mann ließ seine Worte einen Moment wirken, dann fuhr er fort: »Ich war immer stolz auf Sie – als Fachkräfte. Doch jetzt bin ich noch zusätzlich stolz auf Ihre Qualitäten als *Leader*. Ich weiß: Jetzt kann ich mich wirklich zur Ruhe setzen. Und komplett loslassen. Die Firma ist bei Ihnen in den besten Händen.

Ich habe die Einladung vom Roundtable of Leaders erhalten, ein Sonderprojekt zu leiten. Auf diese neue Aufgabe freue ich mich. Das Leben hat mich reich beschenkt. Es ist nun an der Zeit für mich, etwas zurückzugeben. Das Projekt des Roundtable ermöglicht mir das. Vergessen Sie nie, was Sie Leading Simple zu verdanken haben. *Geben Sie Ihr Wissen weiter.* Machen Sie die Welt dadurch ein bisschen besser. Es mangelt noch an vielen Ecken am Wissen um wirkungsvolle Führung.«

Die fünf Leader versprachen es feierlich. Und während sie es taten, fühlten sie sich auf besondere Art mit dem alten Firmengründer und mit dem Mann im Rollstuhl verbunden.

Harald Gruber fuhr fort: »Da ist noch etwas Wichtiges. Sie wissen, dass ich keine Kinder habe, obwohl ich mir immer welche gewünscht habe. Dieser Wunsch blieb leider unerfüllt. In meinem Alter muss ich darüber nachdenken, was mit meinem Lebenswerk geschieht, wenn ich einmal nicht mehr bin. Ich habe die beste aller Lösungen gefunden. Eine Lösung, von der ich weiß, dass sie das Wohlergehen der Gruber AG und all ihrer Angestellten garantiert …«

Und so erfuhren die fünf Leader, dass Harald Gruber ihnen einen großen Teil seiner Firma übertragen hatte.

Unterscheidungen aus dem letzten Kapitel:

1. Unterscheidung erkennen
2. Eigene Position anerkennen
3. Transformation ermöglichen
4. Unbewusste Inkompetenz / Bewusste Inkompetenz
5. Polarisierung / Mentale Transformation
6. Richtig Machen / Besser machen
7. Beobachten-Erwischen-Freuen-Spiel
8. Realitätssinn / Ergebnisse
9. Unverletzbarkeit / Vertrauen
10. Unverarbeitete Verletzungen
11. Zeitqualität / Zeitquantität

In diesem Video aus der Online Lernwelt beantwortet Boris Grundl folgende Frage:

Wie funktioniert mentale Transformation?

https://www.grundl-institut.de/transformation

Für mehr Inspirationen folgen Sie Boris Grundl auf:

Literaturhinweise

Es gibt unterschiedliche Motive für eine Literaturliste. Leading Simple© ist eine bewusste Verdichtung anerkannter Autoren und der Praxiserfahrung des Grundl Leadership Instituts aus über 300 Transformationen von Firmenkulturen. Jeder von uns ist die Summe vieler Dinge, die sie oder er von anderen Menschen lernen durfte: Ideen, Gedanken, Meinungen, Interpretationen und eigene Erfahrungen. Wir alle stehen auf den Schultern von Riesen, welche vor uns die Welt so gebahnt haben, wie wir sie heute vorfinden. Leading Simple© besteht zu 50 Prozent aus bereits bedachten Thesen und Ideen. Und zu 50 Prozent aus weiterentwickelten Gedanken und vor allem Praxiserfahrungen durch Umsetzungen. Hier eine Liste der Riesen, auf deren Schultern Leading Simple© steht:

Altmann, Hans Christian: Sternstunden der Führung, verlag moderne industrie, 1992

Avery Christopher: The Responsibiliy Process, dpunkt verlag, 2018

Bandler, Richard & Grinder, John: Reframing, Real People Press, 1982

Beatty, Jack: Die Welt des Peter Drucker, Campus Verlag, 1998

Blanchard, Kenneth & Burrows, Hal: Der Minutenmanager und der Klammeraffe, Rowohlt, 1990

Blanchard, Kenneth & Carew, Donald: Der Minutenmanager schult Hochleistungsteams, Rowohlt, 1992

Blanchard, Kenneth & Johnson, Spencer: Der Minutenmanager, Rowohlt, 1983

Blanchard, Kenneth & Lorber, Robert: Die Praxis des 01-Minuten-Managers, mvg, 1990

Blanchard, Kenneth & Zigarmi, Patricia & Zigarmi, Drea: Der Minutenmanager: Führungsstile, Rowohlt, 1986
Brandes, Dieter: Einfach managen, Carl Ueberreuter, 2002
Buckingham, Marcus & Clifton, Donald O.: Entdecken Sie Ihre Stärken – Jetzt!, Campus Verlag, 2002
Buckingham, Marcus & Coffman, Curt: Erfolgreiche Führung gegen alle Regeln, Campus Verlag, 2002
Buhr, Andreas: Business geht heute anders, GABAL, 2021
Carnegie, Dale: Management: Durch Menschenführung zum Erfolg, Metropolitan, 1999
Cashman, Kevin: Leadership from the inside out, TCLG, 1998
Chopra, Deepak: Die sieben geistigen Gesetze des Erfolgs, Heyne, 1996
Cohen, William A.: Die Kunst zu führen, Prentice Hall, 1991
Cooper, Robert K. & Sawaf, Ayman: Executive EQ, AIT, 1996
Covey, Sean & McChesney, Chris & Huling, Jim & Maron, Andreas: Die vier Disziplinen der Umsetzung, Redline, 2016
Covey, Stephen R.: Die 7 Wege zur Effektivität, GABAL Verlag, 2005
Covey, Stephen R.: Der 8. Weg, GABAL Verlag, 2006
Covey, Stephen R.: Der Weg zum Wesentlichen, Campus Verlag, 1997
Covey, Stephen R.: Die effektive Führungspersönlichkeit, Campus Verlag, 1992
Crainer, Stuart: Die Rupert Murdoch Methode, Ueberreuter, 2002
Csíkszentmihályi, Mihály: Flow, J.G. Cotta'sche, 1992
Csikszentmihályi, Mihály: Dem Sinn des Lebens eine Zukunft geben, Klett-Cotta, 1995
Csikszentmihályi, Mihály: Das Flow-Erlebnis, Klett-Cotta, 2000
Dearlove, Des: Die Richard Branson Methode, Ueberreuter, 2002
Drucker, Peter F.: Management im 21. Jahrhundert, Econ Verlag, 1999
Drucker, Peter F. & Paschek, Peter (Hrsg.): Kardinaltugenden effektiver Führung, Redline Wirtschaft, 2004
Dyer, Wayne W.: Der Wendepunkt, Rowohlt Verlag, 1996
Fontana, Olivia de & Pelzmann, Sabine: Führung & Macht, Schäffer-Pöschel, 2020
Gandhi, Mahatma: Mein Leben, Suhrkamp Verlag, 2004

Garlow, James L.: 21 Irrefutable Laws of Leadership, Thomas Nelson Publishers, 2004
Gates, Bill: Digitales Business, Heyne Verlag, 1999
Gates, Bill: Speaks, John Wiley & Sons, Inc., 1998
Goleman, Daniel: Emotionale Intelligenz, Carl Hanser Verlag, 1995
Göpel, Maja: Die Welt neu denken, Ullstein, 2020
Greene, Robert: Power – die 48 Gesetze der Macht, Carl Hanser Verlag, 1999
Hamel, Gary: Das revolutionäre Unternehmen, Econ Verlag, 2001
Handy, Charles: The Elephant and the Flea, Hutchinson, 2001
Handy, Charles: 21 Ideas for Managers, Jossey-Bass books, 2000
Harari, Oren: The Leadership Secrets of Colin Powell, McGraw-Hill, 2002
Harari, Yuval Noah: 21 Lektionen für das 21. Jahrhundert, C. H. Beck, 2018
Harris, Annaka: Das Bewusstsein, riva, 2020
Hastings, Reed: Keine Regeln: Warum Netflix so erfolgreich ist, Econ, 2020
Hill, Napoleon: Denke nach und werde reich, Ariston Verlag, 2006
Hill, Napoleon & Stone, W. Clement: Erfolg durch positives Denken, Ariston Verlag, 2005
Hübl, Philipp: Die aufgeregte Gesellschaft, Bertelsmann, 2019
Ichbiah, Daniel: Die Microsoft-Story, Heyne Verlag, 1994
Johnson, Spencer: The Present, Random House, 2003
Kellner, Hedwig: Konflikte verstehen, verhindern, lösen, Carl Hanser Verlag, 1999
Kets de Vries, Manfred: Das Geheimnis erfolgreicher Manager, Verlag Financial Times Prentice Hall, 2002
Knight Phil: Shoe Dog: Biographie des NIKE Gründers, FBV, 2016
Koch, Richard: Das 80 / 20 Prinzip, Campus Verlag, 1998
Kotter, John P.: Matsushita, Ueberreuter, 2001
Kriz, Jürgen: Grundkonzepte der Psychotherapie, Beltz, 2014
Landsberg, Max: Das Tao des Coaching, Campus Verlag, 1998
Lay, Rupert: Dialektik für Manager, LangenMüller Herbig, 1987
Lay, Rupert: Philosophie für Manager, Econ Verlag, 1988
Lencioni, Patrick: Der Putzmann und der Manager, Econ Verlag, 2002

Lotter, Wolf: Zusammenhänge, Edition Körber, 2020
Lundin, Stephen C.: Fish, Ueberreuter, 2000
Lynch, Dudley & Kordis, Paul: Delphin-Strategien, Paidia, 1992
Malik, Fredmund: Führen, Leisten, Leben, Deutsche Verlags-Anstalt, 2001
May, Peter: Lernen von den Champions, FAZ, 2001
McCormack, Mark H.: Die Schule des Managements, Campus Verlag, 1998
O'Boyle, Thomas: Jack Welsh, Deutsche Verlags-Anstalt, 2002
Peale, Norman Vincent: Das Ja zum Leben, Bastei Lübbe, 1999
Pesch, Nicholas: Der bewusste Leader, GABAL, 2020
Peters, Tom: Das Tom Peters Seminar, Campus Verlag, 1995
Peters, Tom: Der Innovationskreis, Econ Verlag, 2002
Powell, Colin: Mein Weg, Piper, 2002
Rauen, Christopher: Handbuch Coaching, Hogrefe, 2021
Ruhwandel, Dagmar: Vom Glück, Verantwortung zu teilen, Klett-Cotta, 2019
Schwarzkopf, H. Norman: Man muß kein Held sein, C. Bertelsmann, 1999
Seligmann, Martin E. P.: Erlernte Hilflosigkeit, Beltz, 1999
Seligmann, Martin E. P.: Der Glücks-Faktor, Lübbe, 2003
Simon, Hermann: Die heimlichen Gewinner, Campus Verlag, 1996
Slater, Robert: Die unschlagbare Erfolgsstrategie von Jack Welch, verlag moderne industrie, 1999
Slater, Robert: Business is simple, verlag moderne industrie, 2002
Stehling, Wolfgang: Ja zum Stress, Campus Verlag, 2000
Trout, Jack & Rivkin, Steve: Die Macht des Einfachen, Ueberreuter, 2002
Watson, Thomas J. & Petre, Peter: Der Vater, der Sohn & die Firma / Die IBM-Story, Heyne Verlag, 1997
Welch, Jack: Was zählt, Econ, 2001
Würth, Reinhold: Erfolgsgeheimnis Führungskultur, Verlag Paul Swiridoff, 1999

Stichworte (Unterscheidungen)

Herzlich willkommen zum Lebenswerk von Boris Grundl
Unsere Online Lernwelt

Die Online Lernwelt des Grundl Leadership Instituts ist eine innovative Streaming-Plattform, die es Ihnen ermöglicht, hunderte von Video-Lektionen zu sehen oder zu hören. Sie dient zum Erlernen neuer und zur Vertiefung von bestehenden Fähigkeiten.

Sie erhalten das Beste aus drei Welten. Inhalte zu den drei Online Lernwelten:

- 8700 Minuten Videomaterial
- 700 Praxis-Übungen
- 420 vertiefende Artikel
- 330 Video-Lektionen
- 210 ergänzende Seminar-Mitschnitte
- 60 Online-Module

Kurz zusammengefasst: Es ist das wirkungsvollste mentale Fitnessstudio für Menschen, die wirklich wachsen wollen.

Über die Autoren

Boris Grundl ist Unternehmer, Redner und Autor. Er legte eine Blitzkarriere als Führungskraft und Führungsexperte hin. Seit zwanzig Jahren forscht und lehrt er zur menschlichen Entwicklung. Inzwischen verdichtet sich sein Denken und Handeln in einem Wert: Verantwortung. Durch sein Lebenswerk möchte er Lust auf Verantwortung machen. Seit dreißig Jahren ist er vom Hals abwärts gelähmt. Nach einem schweren Unfall startete er als Sozialhilfeempfänger ohne jegliche Perspektive. Heute lebt der zweifache Familienvater ein erfülltes, selbstbestimmtes und finanziell freies Leben in Spanien und Deutschland. Sein Antrieb: Möglichst vielen dabei helfen, die besten Menschen zu werden, die sie sein können. Im Laufe der Jahre durfte er über 300 Firmenkulturen tiefer analysieren. Daraus leitete er die entscheidenden Themen für zukunftsfähiges Leadership ab. Durch einen einzigartigen Transferprozess werden so die mentale Haltung und Werkzeuge für jeden systematisch erlernbar. Sein Grundl Leadership Institut sorgt dafür, dass Menschen und Organisationen diese Inhalte in der Praxis umsetzen und anwenden. Boris Grundl wurde schon früh für sein Lebenswerk ausgezeichnet (2015). Weitere Anerkennungen gab es als Vortragsredner des Jahres (2014) und für seine Fähigkeiten als Mediator (2019). Das Führungssystem Leading Simple wurde schon 2011 mit einem Coaching-Award bedacht. Der Harvard Business Manager schreibt von ihm als »der Entwickler« und die Süddeutsche Zeitung gar »ein Stehaufmann, der seinesgleichen sucht«. Das Magazin events sieht in ihm »das Ende aller Ausreden« und Zukunft Training bemerkt in einem Portrait: »Boris Grundl ist gelebte Resilienz.«

www.grundl-institut.de

Bodo Schäfer ist Schriftsteller, Unternehmer und Coach. Er hat sechs Spiegel-Bestseller geschrieben: unter anderem das erfolgreichste Finanzbuch der Welt »Der Weg zur finanziellen Freiheit« mit über 10 Millionen verkauften Exemplaren und das erfolgreichste Geld-Buch für Kinder »Ein Hund namens Money« mit über 3 Millionen verkauften Exemplaren. In China ist es empfohlene Lektüre für jeden Schüler. Seine Bücher sind in über fünfzig Ländern erschienen und wurden in über dreißig Sprachen übersetzt. International tritt er als Seminarleiter und Kongressredner auf (u. a. in Russland, in der Ukraine, in Litauen und in vielen Ländern mehr). Seine Seminare wurden von über 800 000 Menschen besucht. So sprach er zum Beispiel in den Olympiastadien von Moskau (vor 35 000 Menschen) und Kiew. Von FOCUS und dem Manager Magazin wurde er als Top-Coach prämiert. Es ist Bodo Schäfer wichtig, dass wir nicht nur reich, sondern auch glücklich sind. Alle vier großen Ls zusammen ermöglichen uns dieses Glück: Lieben, Leben, Lernen und unser Lebenswerk. Seine Stiftung »Kinder, unsere Zukunft« baut Schulen in Afrika und unterstützt die Ausbildung sozial und finanziell benachteiligter Kinder und Jugendlicher.

www.bodoschaefer.de